本书受安徽财经大学出版基金资助
安徽财经大学艺术学院学科专业建设文库
科普曼淮美环境科技研发中心建设文库

商业空间设计及案例解读

孙娜蒙　著

U0196042

中国建筑工业出版社

图书在版编目（CIP）数据

商业空间设计及案例解读／孙娜蒙著. —北京：中
国建筑工业出版社，2019.9（2024.9重印）
ISBN 978-7-112-24049-4

Ⅰ.① 商… Ⅱ.① 孙… Ⅲ.① 商业建筑－室内装饰
设计－研究 Ⅳ.① TU247

中国版本图书馆CIP数据核字（2019）第158948号

　　该研究以笔者近三年的社会实践设计作品展开，以商业活动的全新设计理念为引领，以设计构思、设计元素、设计文脉等为重点，剖析商业空间设计的基本方法和设计程序等实践环节，并通过分析优秀商业空间案例与细部图片，探讨设计思路，增强视觉感受，开阔视野，为读者从事相关设计工作拓展思路。将设计理论的指导性与设计实践的操作性二者合一进行研究，为环境设计学科的实践教学提供有益的帮助和启发。适用于建筑行业、环境设计领域从业者，环境设计专业师生以及商业空间设计爱好者阅读。

责任编辑：唐　旭
文字编辑：孙　硕
责任校对：芦欣甜

商业空间设计及案例解读
孙娜蒙　著
*
中国建筑工业出版社出版、发行（北京海淀三里河路9号）
各地新华书店、建筑书店经销
北京锋尚制版有限公司制版
建工社（河北）印刷有限公司印刷
*
开本：787×1092毫米　1/16　印张：9½　字数：168千字
2019年10月第一版　2024年9月第二次印刷
定价：**138.00元**
ISBN 978-7-112-24049-4
（34548）

博士学术文库
专业建设文库
学科建设文库

组委会

编委会

序1 构建一体两翼发展思路，塑造学术形象建设品牌

——安徽财经大学艺术学院学科专业建设文库总序

安徽财经大学艺术学院（简称艺术学院）从2017年开始实施教研科研成果出版计划，推出学术形象传播展示平台，精心设计出版学科专业建设文库，这不仅是新领导班子上任两年以来艺术学院在创新教学科研管理上做出的重大改革举措，也是学校推进干部人事制度管理改革实践、面向全国招聘艺术学院副院长、改组学院领导班子之后取得的可喜成绩。学校干部人事制度管理综合改革在艺术学院的最新实践证明，以人才为主体、以教学科研为两翼（即"一体两翼"）的发展思路是学校建设有特色高水平教学研究型大学的有效途径和重要抓手。

艺术学院设计推出的学科专业建设文库体现了学校"一体两翼"的发展思路。学科专业建设文库包括三个部分：一是博士学术文库，主要针对高层次人才与学位点建设，以稳定高层次人才和培育学科带头人为主要任务，集中推出以博士为核心群体的教研科研学术成果，重点出版博士论文；二是专业建设文库，主要针对课程与专业建设，集中推出教研成果和教学业绩成果，如师生作品集、教材、教学研究论文集等；三是学科建设文库，主要针对学科建设与社会服务，集中推出科研成果，如学院提出的有关大禹文化研究、文化创意产业研究、非遗保护与开发等重点培育学科方面的学术著作。学科专业建设文库的整体构架就把以博士为核心的高层次人才作为推进艺术学院跨越式和谐发展的动力源，以教研科研学术成果来形象展示贯彻落实教学科研工作中心地位的建设成效，这无疑是我们学校"一体两翼"发展思路的形象生动的具体案例。

对于高等教育来说，高层次人才是普通地方高校互相竞争的关键。尊重知识，尊重人才，引进和稳定高层次人才队伍，是支撑我们地方高校教学科研工作的重要力量，是事关我们地方高校发展成败的核心问题，是我们建设有特色高水平教学研究型大学的重中之重。在高层次人才队伍建设上，我们学校一直以来都是高度重视的。我们学校不仅修订了《高层次人才队伍建设管理办法》《安徽财经大学龙湖学者选聘管理办法》《安徽财经大学博士科研基金

管理办法》等政策文件，以待遇留人，以事业留人，以感情留人，以环境留人；而且修订出台了优秀青年学者培育计划，资助优秀青年学者出国访学留学，设立"优青计划"项目，创造各种条件培养优秀博士，以优厚待遇吸引人才，以晋升空间稳定人才，把高层次人才队伍建设作为学校发展的头等大事。可以这样说，博士学术文库就是艺术学院重视出版高层次人才的学术成果、培养建设高层次人才队伍的具体表现。

作为学校的中心工作，教学工作是最为繁重的人才培养工作，也是高校充分发挥高层次人才作用的重要阵地。人才培养是教学工作的主要目标，涉及面广，任务艰巨。课程建设是普通教师的核心任务，专业建设是基层教学组织的基本工作，教学管理是学院发展的主要抓手。加强课程建设，我们教师研究课程教法，编写精品教材，推进考试改革，建设教学资源，探索学科竞赛，重视学业辅导，把改革实践与教学研究贯穿整个人才培养过程。重视专业特色建设，提高本科教学质量，促进学校内涵发展，如何借助改革实践与教学研究成果全面反映教学工作成效，是我们高校教育管理者应该思考的重要课题。艺术学院以专业建设文库来汇总出版改革实践与教学研究成果，集中展示教学工作的具体成效，这无疑是值得探索的一条创新之路。

科学研究是高层次人才的用武之地，高校的科研工作是高校履行人才培养、社会服务、文化传承与创新等基本社会功能的基本手段，是提升高校内涵发展的主要途径。重视科研工作，我们就要凝练学术团队，建设重点学科；搭建科研平台，建设研究基地；推进智库建设，服务决策咨询；开展校企合作，参与校企研发。我们学校要完成上述科研工作任务，就必须依靠具有科研实力潜力的高层次人才。科学研究服务于人才培养工作的主要途径就是学科建设。高层次人才将教学与科研结合起来，以学科建设拓展教学内容和教学视野，支撑教材建设和课程建设，打造专业特色和专业品牌，培养创新思维和创新能力，提升硕士和博士学位内涵，这是他们教学科研一体化发展的必然规律。重视学科建设，展示学科建设成效，教师们的学术成果是最好的物态证明。因此，在重视公开发表学术论文和申请科研项目的基础之上，我们还要重视与鼓励出版学术著作，引导高层次人才借助撰写学术著作的方式理性思考现实问题，系统梳理和创新构建学术理论，扩大与提升学科品牌的知名度与影响力，努力成为学科领军人才和学术大师。艺术学院把学科建设文库作为平台，引导学院教师凝练学科研究方向，着力培育重点学科，逐步培养符合学院发展需要的学科带头人。这不仅是艺术学院建设高层次人才队伍的必由之路，也是学校干部人事制度管理综合改革所遵循的基本思想。

学科专业建设文库不仅生动诠释了学校"一体两翼"的发展思路，而且融入了深厚的地方文化底蕴。我国《"十三五"规划纲要》指出"加强水环境保护和治理，推进鄱阳湖、洞庭湖生态经济区和汉江、淮河生态经济带建设。"淮河生态经济带建设已经上升为国家发展战略，成为"继珠三角、长三角、环渤海地区之后中国第四个经济增长极"。因此，随着淮河流域全面建设"人水和谐、绿色共享的淮河生态经济带"和全国生态文明示范区，历史悠久的淮河文化也将具有国家品牌的独特价值。艺术学院把以大禹文化为核心的淮河文化作为高校地方特色建设的切入口，把勤奋不息、攻坚克难，责任担当、科学诚信的大禹精神作为立德树人的文化内蕴和学术品质，把教研科研学术成果作为形象传播的展示载体，塑造"学科专业建设文库"学术形象品牌，这不仅使学校"一体两翼"的发展思路紧跟上了时代发展的步伐，而且还使艺术学院的和谐发展搭上了淮河生态经济带建设的品牌快车道。

　　艺术学院提出学科专业建设文库的建设构想，2017年出版的几本教研科研成果著作就是个良好的开端。我希望，我们艺术学院能够发扬大禹精神，持之以恒，坚持下去。日积月累，学科专业建设文库就会煌煌大观，就会日臻"高大上"。到那个时候，学科专业建设文库就会成为我们学院学术品牌形象建设的典范。

魏国彬

2017年3月

序2 立足产学研协同创新高地，引领文化科技融合与发展

——科普曼淮美环境科技研发中心序言

随着互联网、大数据、云计算等科学技术的飞速发展，人们的生活方式正在悄然发生改变，物联网、智能家居的发展使得环境设计专业面临新的机遇与挑战。智慧城市、智慧校园、智慧社区以及智慧空间的发展，使得以工程技术和设计美学为核心的室内外环境设计必须将智能化、自动化以及大数据信息技术等融入整体空间环境中。因此，探讨空间环境如何与互联网、大数据等科学技术进行深度融合已成为环境设计专业紧迫而亟待解决的问题。

科普曼淮美环境科技研发中心是北京科普曼经贸有限公司、安徽淮美环境科技有限公司联合安徽财经大学艺术学院于2018年12月共同成立。这是响应国家校企产学研一体化协同创新，大学知识溢出服务地方经济的重大举措，也是环境设计专业与大数据、互联网等科学技术深度融合的一次新探索与新尝试。本书作为科普曼淮美环境研发中心的成果之一，对校园智慧化空间环境设计进行了探讨与分析，并以设计案例的形式予以解读，校企双方共建的安徽财经大学艺术学院"科普曼多功能智慧活动中心"是室内空间环境设计与大数据融合的初步探索，并取得了一定的成果，这包括多项发明专利、25项使用新型等知识产权。

商业空间环境设计一直是环境设计专业中极其重要的实践环节，其涵盖的内容也十分宽广。作为一名高校教师，设计理论与设计实践应处于同等重要的位置，只有在大量的设计实践中才能不断完善与创新其设计理论，这是一个相辅相成的过程。本书设计案例包括餐饮商业空间设计、酒店及公寓商业空间设计、展示商业空间设计等三方面，是设计实践与设计教学的深度融合，也是校企合作的初步成果。

科普曼淮美环境科技研发中心以环境设计与科技创新为基本立足点，逐步建立高校创新人才培养与企业实际需求的信息化资源管理平台，激发高校学术资源的巨大引擎作用，为政府、高校、企业利用产学研平台优化产业布局、推进创新创业、建设创新型人才储备库奠定技术基础，也必将推动产学研带动地

方经济发展，以点带面，提升经济、文化与科技的深度融合，创新教育发展模式。

　　寄希望于科普曼淮美环境科技研发中心能够在校企合作模式、校企协同创新人才培养，相关设计产业模式创新等方面探索出自己的道路。

同济大学设计创意学院

2019年6月25日

前　言

　　环境设计专业分为室内设计和景观设计两部分，其中商业空间设计是室内设计的重要组成部分，商业空间的使用性质、经营目的、发展变化等都在要求设计能更加准确有效地为之服务。随着经济的发展以及生活水平的提高，商业空间环境设计不再是单纯的满足商业活动和追求视觉感官的新奇，越来越注重文化体验、情感体验、服务体验等带来的设计附加值。

　　设计过程是一个渐进的、多变的过程，也是一个理论和实践紧密结合的过程，商业空间设计更是如此。该研究以笔者近三年的社会实践设计作品展开研究，以商业活动的全新设计理念为引领，以设计构思、设计元素、设计文脉等为重点，剖析商业空间设计的基本方法和设计程序等实践环节。本书共包含三个篇幅内容，共7个设计实践案例分析，其中第一篇内容是对多功能空间设计进行案例分析与研究，第二篇是对酒吧、餐饮类商业空间设计进行详细分析与案例研究；第三篇是对酒店、公寓类商业空间设计进行设计解读。在每一篇的第一章节对该部分的商业空间进行总体概括，设计案例解读放在其后章节。

　　本书主要是笔者带领我校环境设计专业的学生进行的社会实践项目，具有以下几个特色：第一是理论实践性。商业空间设计本身具有极强的实践性，设计理论与设计实践是相辅相成，彼此互相促进、不断修正的过程。本书通过7个设计案例对设计理论进行检验与实践，具有较强的理论实践性。第二是文脉的传承性。商业空间设计越来越注重地域文化、品牌文化的传承性，本书设计案例力求对如何通过设计元素的创新得以在空间中进行文脉或品牌的传承进行了初步探索，以期将商业空间设计的"商业性"与"文化性"进行结合。第三是商业空间环境的智慧化特征。移动互联网、大数据、云计算等信息技术的发展，智能化、信息化等技术也使得现代商业空间环境设计面临新的机遇与挑战，本书部分案例试图将智慧化的空间体验融入其中，寻找新的突破。

　　本书得到了上海森享装饰设计有限公司的大力支持，徐英英总经理2010年毕业于安徽财经大学环境设计专业，我与她共同完成了多个酒店及公寓设计类项目，在此表示感谢！本书也得到了安徽财经大学艺术学院科普曼淮美环境科技研发中心的大力支持，也是该中心的研究成果之一，在此表示感谢！书中图片的整理由我校环境设计专业学生陈安琪、王茹、张彬彬、朱静雅等辅助完成，部分施工图设计由2011级环境设计专业毕业生孙凯完成。对他（她）们的辛勤努力与工作表示感谢！

　　本书为安徽财经大学艺术学院学科专业建设成果之一，得到了安徽财经大学艺术学院的大力支持，在此表示感谢！商业空间设计是一个不断发展、变化、不断实践的过程，笔者作为高校设计教育工作者，希望通过实际项目实践，不断探索不同商业空间的设计方法。由于笔者能力有限，书中难免有不妥之处，请各位同仁帮忙指正。

2019年6月18日

目　录 |

第二篇

酒吧、餐饮空间设计案例解读

第三篇

酒店、公寓空间设计案例解读

第一篇

多功能空间设计
案例解读

第1章
校企协同创新下的智慧多功能空间设计_____

　　智慧多功能活动中心是指采用大数据、人工智能与移动客户端实现互联互通，满足展览展示、会议交流、文艺表演、文化创意等多功能需求的空间。在高校发展过程中，会议交流、创新创业、学科竞赛等越来越成为本科评估的重要内容，随着互联网、信息技术的快速发展，智慧多功能活动中心建设逐渐成为大学生创新创业孵化基地、文化展演的重要场所。本文以安徽财经大学为例，在校企协同创新下共同探索智慧多功能活动中心的建设模式，在基本原则以及建设模式上提出切实可行的方法和路径，为后续的智慧多功能中心建设提供一定的理论指导和应用策略。

　　安徽财经大学艺术学院6号教学楼的中庭一直作为"景观庭院"的形式而独立存在，在整体功能上缺乏公共空间活动的交流性与互动性。为充分利用中庭院落，增强艺术学院公共空间交流、创想、会议、展览、展演等多功能特性，艺术学院将联合校外企业——"北京科普曼经贸有限公司"，以社会捐赠的形式对其进一步改造设计，加建钢结构玻璃阳光房，解决了艺术学院公共空间交流场所不足的痛点问题。中庭改造方案充分发挥我院设计专业优势，组建以院领导为核心的多功能活动中心设计研发队伍，将大数据、智能化与中庭设计融为一体，打造文化展演、艺术交流活动、大学生创新、创业、文化创意等复合型的新型公共空间环境，逐渐将中庭打造成为艺术学院集聚人气、极具文化创意气息的多功能新空间。

1.1　多功能智慧活动中心建设的基本原则

1.1.1　校企协同创新共赢原则

　　智慧多功能活动中心是集会议、展览、表演、影视等为一体的多功能活动场所，通过引进校外企业与高校协同创新的背景下进行建设，充分发挥企业的市场与运营管理优势，将高校设计研发优势相结合，协同创新打造多功能中心数据化、智能化的智慧管理模式。

1.1.2　设计与运营的可持续发展原则

随着环境污染的加剧，可持续设计逐渐成为解决社会问题的重要手段之一，也逐渐成为设计伦理的新设计价值观。在智慧多功能活动中心建设中，必须坚持设计与后期运营管理的可持续发展原则：首先是在设计阶段考虑节能、节材、节水等降低能耗的各种可持续设计手段，充分考虑风能、太阳能等洁净能源的应用；其次是在后期的运行能量过程中，充分考虑智慧活动中心的运行与维护，降低运行能量；最后，在活动中心的运营与管理中，通过智能化的数据管理中心，逐步建立可持续发展的数据处理中心，包括能源、租用、维护、管理等数据，提升使用效率，降低能源消耗。

1.1.3　以培养学生为中心原则

校企协同创新下的智慧多功能活动中心建设，始终坚持"以培养学生为中心"原则，无论是硬件设施建设、功能建设、管理运营等均围绕学生为主体进行。首先是在平面布局中将多功能中心的诸多不同功能进行灵活布局，以便后期各种不同活动的方便开展；其次，建立以学生为主体的活动管理运营中心，充分发挥学生的主观能动性，培养学生组织、策划、管理与运营能力；最后，逐步建立以学生为中心的创新创业帮扶机制，智慧多功能活动中心通过创意书吧、创意文具店、创意饮品店等形式支持学生不同类型的创新创业帮扶机制，通过协同创新平台逐步建立专业的创新创业服务中心。

1.2　安徽财经大学科普曼智慧活动中心建设模式

安徽财经大学艺术学院在北京科普曼经贸有限公司的支持下，双方在艺术楼中庭共建"科普曼智慧多功能活动中心"，本着互利互惠、双方共赢的原则，积极探索活动中心的建设模式。

1.2.1　大学生创新创业孵化基地建设模式

我校艺术学院共分为5个专业，由于艺术设计类专业有其自身对设计实践、创新创意的专业特殊性，课堂作业、课题设计等多以实物样式进行展览展示，目前的美术馆由于空间有限，远不能满足我院各个专业成果展览展示的实际需求。中庭改造完成后，将中间区域开辟为可移动展览展示区，为艺术学院师生提供设计作品及创意产品的展示空间，同时，创建文创产品电子商务平台，旨在为艺术学院广大师生的文创产品提供市场化的运作渠道，在校企合作平台的基础上，对文创产品的生产加工与市场推广进行专业化指导和落地执行策略等支持。

中庭空间位于艺术学院的中心地带，依托艺术学院的优秀师生力量，联合企业共同打造"大学生创新创业孵化基地"，为大学生的创新、创意、创业提供技术指导、经费支持以及各种帮扶服务。逐渐建立健全大学生创新创业帮扶机制，主要是对大学生的文化创意产品提供正确的指导和产品落地，以及市场推广等服务。比如以红色经典为创意的系列文具创新设计，该平台可为创意文具提供不同的工厂定制，并帮助学生的创意文具进行电子商务市场推广等。

1.2.2　多维度校企深度合作平台

中庭空间改造主要以校企合作的模式进行建设，室内空间设计由我院环境设计专业教师队伍组成，北京科普曼经贸有限公司负责施工与落地完成。同时，室内所有家具软装饰等由我院校企合作企业——上海鑫点装饰设计工程有限公司提供生产、制作、安装等服务。通过艺术中庭改造项目，积极探索不同纬度校企深度合作的新模式，将校外企业的经验、资源、资金优势等引入进来，与我院师生设计研发、创新创意的优势力量进行深度融合，以实际项目为支撑，共同开拓校企双方共赢的新局面[1]。

随着校企合作的进一步深入，将依托科普曼智慧活动中心构建"科普曼校企合作平台"，将联合更多的校外企业入驻，为在校学生的实习、就业、培训等搭建平台。同时，将企业的实际需求与实际项目在平台上予以展示并寻求合作，鼓励学生与企业共同以实际项目的形式进行创新合作。

1.2.3　建立以可视化设计为核心的智慧管理平台

随着信息技术的发展，大数据云计算的不断应用，如何建设智慧多功能活动中心逐渐成为发展的重点内容。智慧活动中心主要是利用现代信息技术实现的多功能管理运行方式，以人工智能、信息化为主，不仅能够节省大量的人力物力，使多功能中心的会议、展览、表演、租用、维护等实现联动，形成巨大的服务功能网络，加快管理水平与服务质量的提升。通过可视化设计将设计转化为视觉可接受信号，对用户而言，具有良好的体验感受。可视化设计主要通过信息的图形表达、符号表达以及视觉设计三点进行信息传递，具有较强用户黏性[2]。

首先，在多功能厅建设基础上，积极构建艺术学院大数据监控中心。将我校艺术学院的大数据与学校数据管理中心实现共享，为艺术学院广大师生的创新、创业、科研成果、教学成果等进行科学的数据采集。同时，对多功能厅的人流、阅读、创意设计以及每次活动的现场进行监测与分析，便于后期多功能厅的管理与运营更为人性化，在细节服务上更为完善。其次，构建智慧活动中心与移动互联互通，通过应用平台，建设能够有效实现数据信息化，缩短时空距离，将娱乐、支付、学习、创意、创业、会议、展览等服务融为一体，不断丰富信息化服务内容，真正实现智慧智能化管理与运营。最后，是构建智慧多功能中心可视化设计，通过科学合理的图形设计，利用大数据智能化实现对信息的视觉化传递，提升用户的体验感、增强与用户实际需求的密切度。

1.3　结论

通过对我校艺术学院多功能智慧活动中心的探索，将逐渐在设计研发、施工管理、智能化与大数据建设、文创电子商务平台建设、文创产品创新机制、后期管理与运营等方面进行模块化梳理，逐渐建立智慧多功能活动中心的基本建设标准、规范运营管理机制等，建立独具特色的"智慧多功能活动中心"的建设模式，为社区、乡镇等多功能文化交流中心的建设提供基本的技术支持与理论指导。

第2章
案例解读一：安徽财经大学艺术学院科普曼多功能智慧活动中心设计

设　计　师：孙娜蒙
施　工　图：孙凯（2015年毕业于安徽财经大学环境设计专业）
总　面　积：850m²
项目造价：389万
项目日期：2018.12.20 ～ 2019.6.15
项目地址：安徽省蚌埠市曹山路962号安徽财经大学艺术学院6号教学楼

　　为进一步加强各专业间的交流与互动，增强专业融合特色，展示学院学科专业建设的良好形象，改善艺术教育办学水平，推进艺术俱乐部教育改革，强化艺术学科专业的新科技转型，探索校企协同育人的深度合作模式，迎接安徽财经大学建校60周年和专业评估，艺术学院于2018年底正式启动建设"艺术学院科普曼多功能智慧活动中心"项目。该项目由北京科普曼经贸有限公司全额捐赠，在校企协同创新育人的架构下，共同探索多维度的深度合作平台建设。

　　"艺术学院科普曼多功能智慧活动中心"是一个集多种功能为一体的独特公共空间，能够实现学术交流、师生创新、作品展示、文化创意、会议活动等多种活动。学院将组建以环境设计系为核心的设计研发队伍，将原有以"景观庭院"形式而独立存在的艺术学院中庭作为建设场地，加建钢结构玻璃阳光房，瞄准大数据、智能化等现代科技，建设多功能智慧活动中心，打造文化展演、艺术交流、创新创业、文化创意、文创电子商务平台等复合型的新型公共空间环境，争取将"艺术学院科普曼多功能智慧活动中心"打造成为集聚人气、极具文化创意气息的特色空间。

　　学院联合校外企业"北京科普曼经贸有限公司"改造建设"艺术学院科普曼多功能智慧活动中心"，并积极申报科技研发项目。北京科普曼经贸有限公司计划投资约400万，待整体建设工程完成后，以社会捐赠的形式移交给艺术学院。艺术学院给予北京科普曼经贸有限公司冠名活动中心、设计方案知识产权经营使用权、聘请公司领导为艺术专硕校外硕导、协助该项目开展后期市场推广等优惠待遇。目前我院环境设计系教师围绕"智慧多功能空间设计"已成功申请相关发明专利8项、实用新型25项，外观专利若干，智慧多功能空间著作版权一部等。

创新改革促发展,内涵建设树形象。建设"艺术学院科普曼多功能智慧活动中心"将是安徽财经大学艺术学院迎接专业评估的重要举措,是配合学校打造新经管、推进学院艺术新科技转型的主要思路。

2.1 项目现状分析

艺术楼中庭为单独的景观院落,建筑面积约为840㎡,由于中庭院落为开敞式院落,只具有景观和通道的作用,缺乏师生互动与交流的功能,整体利用率不高。为提高中庭院落的整体利用率,对现有中庭院落的空间布局进行重新改造,并加建钢结构玻璃阳光房,使其满足艺术学院各个专业的艺术交流活动以及院大型会议、展览展演等多功能需求(图2-1)。

图2-1 艺术学院中庭现状照片

2.2　功能结构分析

科普曼智慧活动中心以师生为主体，建构校企多维度合作平台，整体空间功能结构包括科普曼（淮美）环境科技研究中心、文创展示空间与电子商务平台、大学生创新创业孵化基地、多维度校企合作平台、展览仪式活动启动空间与小型文艺演出、学院大型会议室与学术报告厅、艺术学院大数据监控中心、影视俱乐部、设计俱乐部等（图2-2）。

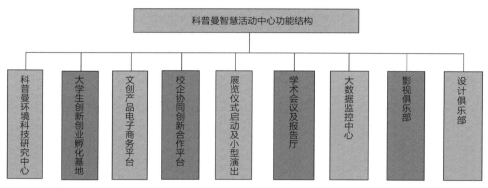

图2-2　科普曼智慧活动中心功能结构图

2.2.1　科普曼（淮美）环境科技研究中心

北京科普曼经贸有限公司主要从事进出口装饰贴膜的销售、施工、安装等，为创建科普曼本土装饰贴膜品牌，建立科普曼装饰贴膜的设计核心竞争力，深入推进校企合作装饰贴膜产业化推广，北京科普曼经贸有限公司在改造后的中庭建立"科普曼（淮美）环境科技研究中心"。主要负责装饰贴膜原创设计与研发工作，并在蚌埠当地成立安徽淮美环境科技有限公司负责后期的产业化推广，该中心将积极探索校企合作设计研发新模式，深入贯彻教育部产学研一体化的发展方向，建立以科普曼装饰贴膜为基础的酒店空间、办公空间、餐饮空间等商业装饰设计整体解决方案。

2.2.2　文创展示空间与电子商务平台

艺术学院共分为5个专业，由于艺术设计类专业有其自身对设计实践、创新创意的专业特殊性，课堂作业、课题设计等多以实物样式进行展览展示，目前的美术馆由于空间有限，远不能满足我院各个专业成果展览展示的实际需求。中庭改造完成后，将中间区域开辟为可移动展览展示区，为艺术学院师生提供设计作品及创意产品的展示空间，同时，创建文创产品电子商务平台，旨在为艺术学院广大师生的文创产品提供市场化的运作渠道，在校企合作平台的基础上，对文创产品的生产加工与市场推广进行专业化指导和落地执行策略等支持。

2.2.3　大学生创新创业孵化基地

中庭空间位于艺术学院的中心地带，依托艺术学院的优秀师生力量，联合企业共同打造"大学生创新创业孵化基地"，为大学生的创新、创意、创业提供技术指导、经费支持以及各种帮扶服务。逐渐建立健全大学生创新创业帮扶机制，主要是对大学生的文化创意产品提供正确的指导和产品落地，以及市场推广等服务。比如以地域文化为创意的系列文具创新设计，该平台可为创意文具提供不同的工厂定制，并帮助学生的创意文具进行电子商务市场推广等。

2.2.4　多维度校企深度合作平台

中庭空间改造主要以校企合作的模式进行建设，室内空间设计由我院环境设计专业教师队伍组成，北京科普曼经贸有限公司负责施工与落地完成。通过艺术中庭改造项目，积极探索不同纬度校企深度合作的新模式，将校外企业的经验、资源、资金优势等引入进来，与我院师生设计研发、创新创意的优势力量进行深度融合，以实际项目为支撑，共同开拓校企双方共赢的新局面。

2.2.5　展览仪式活动启动空间与小型文艺演出

艺术学院每年承办的省级、市级展览与赛事逐年上升，每次大型活动的发布场地缺乏，美术馆狭小封闭，学院门口如遇下雨则需临时更换场地。改造后的中庭在南侧设立了长8m，宽4m的矩形舞台，后面有24m²的P4 LED屏，采用智能化舞台灯光控制，混合立体音响等硬件设施，为展览仪式活动的启动及小型文艺演出提供基本的硬件支持与场地需求。

2.2.6 学院大型会议室与学术报告厅

改造后的艺术中庭除两侧为卡座外，其他全部为可移动的桌椅，中间为可移动展览展示区，实现了中庭作为多功能空间的需求。可以召开学院大型会议与各种学术报告会议，改造后的中庭能容纳200人左右的会议，将大大弥补学院大型会议的场地需求。

2.2.7 艺术学院大数据监控中心

在多功能厅建设基础上，积极构建艺术学院大数据监控中心。将艺术学院的大数据与学校数据管理中心实现共享，为艺术学院广大师生的创新、创业、科研成果、教学成果等进行科学的数据采集。同时，对多功能厅的人流、阅读、创意设计以及每次活动的现场进行监测与分析，便于后期多功能厅的管理与运营更为人性化，在细节服务上更为完善。

2.2.8 影视俱乐部

为响应国家对电影文化的支持，改造后的中庭从硬件设施与场地空间需求上满足了小型电影院的基本放映要求。为我院动画专业以及全校师生提供影视交流活动，成立的影视俱乐部将定期播放新时代主旋律电影，以及大学生创作的微电影、公益电影等展演活动。

2.2.9 设计俱乐部

艺术中庭改造是集文化创意、设计研发、娱乐活动等为一体的多功能活动场所，以实际项目为依托，以师生共创的设计研发为核心，积极构建室内设计、景观设计、文创设计、软装设计、展示设计等项目设计研发工作，从"设计研发—专利申请—市场推广"等形成良性的闭环，是广大师生实际项目设计落地的服务平台。同时积极构建设计文化的各种交流会议活动，如企业家走进课堂、设计创新思维工作坊、校企协同创新等项目活动，将艺术中庭打造成真正的设计师之家，成为广大师生的设计创想集散地，逐步建立艺术学院独特的设计俱乐部的核心设计文化。

2.3　平面布局分析

2.3.1　科普曼智慧多功能活动中心平面布置图

　　活动中心整体空间布局沿东西中轴线而展开，西入口设置玻璃门，以"花开满天下"的梅花图案为顶面装饰，通过科普曼企业新型建筑装饰材料的透光膜进行文化形象展示。整体空间共分为以下几个功能分区（图2-3）：

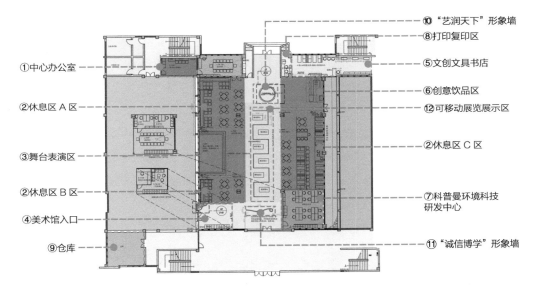

图2-3　科普曼智慧多功能活动中心平面布置图

　　①**中心办公室**：主要是中庭的日常管理与维护，以及活动期间的策划、场地布置等，在活动中心办公室最里面设置更衣室和化妆间，为小型展演活动提供必备的准备场所。

　　②**休息区A、B、C区**：整个活动中心共分为3个休息区，共容纳142人，其中A区56人，B区28人，C区58人。休息区除两侧玻璃幕墙的卡座为固定的座椅外，其他均为可移动桌椅，可以任意移动或重新进行排列，满足不同主题的多功能活动需求。

　　③**舞台表演区**：舞台表演区主要是满足大型学术会议、重要活动仪式的启动、设计大赛的颁奖仪式等需求。舞台面积为32m²，两侧配备专业的舞台灯光与音响设备，24m²的LED屏为小型演出及会议活动提供良好的多媒体技术支持。

④**美术馆入口**：美术馆入口进行了重新的改造，将原有美术馆入口封闭，连同楼梯间作为一个小型仓库。改造后的方案将活动中心南侧的第一扇窗户打通，设置为美术馆新入口。在入口处设置玄关隔断墙，主要用于美术馆展览活动的海报展示。美术馆新入口紧挨舞台，在会议或展览活动完毕后方便进入美术馆观摩展览，从功能和动线设计上更为合理。

⑤**文创文具书店**：这个区域主要是支持大学生创新创业，以艺术学院创意文具为核心，将一系列极具淮河文化、地域文化、红色经典的创意文具进行展示与销售，激发学生的创新、创业热情。同时，也为艺术学院教师提供学术专著、个人艺术设计作品等提供基本的展示与销售场所，也为各专业提供专业书籍的集中展示区。

⑥**创意饮品区**：创意饮品区主要是整个活动中心的辅助配套设施，为活动期间以及休息区人群提供基本的饮品。以扶持大学生创新创业的形式进行不同创意饮品的实验与研发，为学生提供创意饮品的设备、技术、培训等服务。

⑦**科普曼（淮美）环境科技研发中心**：科普曼（淮美）环境科技研发中心主要是联合环境设计专业对酒店、餐厅等商业空间提供装饰贴膜整体解决方案，与安徽淮美环境科技有限公司进行深度校企合作与装饰贴膜产业化推广。

⑧**打印复印区**：此处为科普曼创意文印区，以大学生创新创业的形式进行经营性实验的场所。

⑨**仓库**：原美术馆入口被设置为仓库，为活动中心的辅助设施或桌椅板凳等其他物品的存放处。

⑩**"艺润天下"形象墙**：西入口以艺术学院"艺润天下"为基本文化元素进行形象墙设计。

⑪**"诚信博学"形象墙**：东入口以安徽财经大学"诚信博学"校训为基本设计理念而进行的形象墙设计。

⑫**可移动展览展示区**：可移动展览展示区主要为艺术学院师生提供灵活方便的可移动展览展示区，采用可移动、可折叠统一规格的展板进行拼接设计。

2.3.2 科普曼智慧多功能活动中心动线分析图

整体空间的动线设计合理，以中间可移动展区为主要通道，从东入口到西入口都方便到达美术馆以及教学楼内。西入口北侧原有窗户拆除，作为一层北侧走廊进出的入口，将原有入口用玻璃封闭，方便艺术楼楼上的师生进出到中庭活动中心（图2-4）。

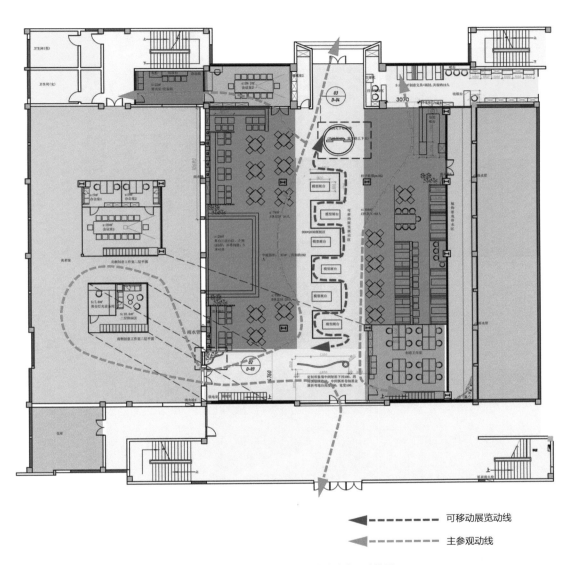

图2-4　科普曼智慧多功能活动中心交通动线图

2.4　设计方案解读

智慧活动中心整体空间以LOFT现代时尚简约风格为主，以梅花为主要装饰元素，将安徽财经大学校园文化、艺术学院的学院文化融入整体空间设计中。整体钢结构为黑色，顶部为钢化夹胶玻璃，整体空间设计分析如图2-5所示，整体设计鸟瞰图如图2-6所示。

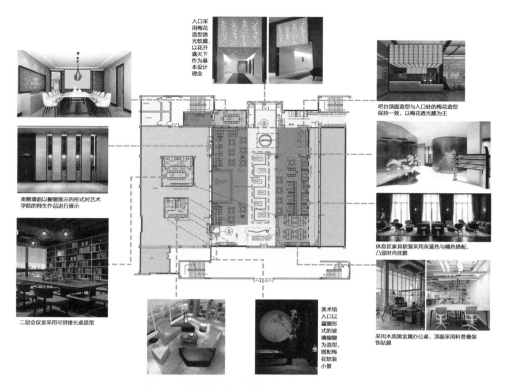

图2-5　科普曼智慧多功能活动意向设计方案分析

图2-6　科普曼智慧多功能活动整体鸟瞰图

2.4.1 入口设计方案解读

入口设计采用"U"形造型设计,将原有两侧墙体向中间推进,减少原有走廊宽度,将北侧走廊原有台阶围和成小型储藏室,右侧原有台阶为打印复印区。西入口采用梅花图案为基本设计造型,梅花是中华民族的精神象征,具有强大而普遍的感染力和推动力。同时,梅花也是四君子之首,具有坚韧不拔、奋勇当先、自强不息的高贵品质。在西入口采用梅花造型作为整个门头、过道顶面装饰,寓意艺术学院培养的人才能够花开满天下,也寓意科普曼与艺术学院的校企合作能够迎难而上,花开枝头。门头顶部造型如图2-7所示,效果图方案设计如图2-8、图2-9所示。

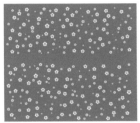

图2-7 西入口梅花灯膜造型

图2-8 艺术学院西入口效果图

现场施工过程中坚持可持续设计理念,对西入口原有钢结构雨棚进行改造,拆除两侧一根钢结构,采用原有支撑点,并对外立面门头进行钢结构加固设计(图2-10)。

图2-9 艺术学院西入口过道效果图

图2-10 智慧活动中心西入口现场施工图

2.4.2 大厅设计方案解读

1. 艺术文化展示功能

智慧多功能活动中心具有极强的艺术文化展示功能，主要通过大厅墙面橱窗展示以及可持续展览展示区进行体现。大厅整体布局围绕展览展演、学术交流、校园休闲文化等多功能性为基本布局，舞台设置在美术馆墙体北侧，由于美术馆内不需要开窗，为充分展现我院艺术与设计特色，故北侧墙面以整体橱窗展示造型为基础，将美术学、产品设计、环境设计、视觉传达等专业方向的师生作品进行展示，并能够方便更换（图2-11）。

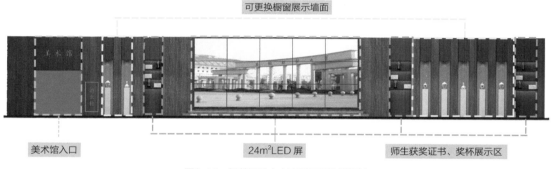

可更换橱窗展示墙面

美术馆入口   24m²LED 屏   师生获奖证书、奖杯展示区

图2-11 智慧活动中心南侧墙面造型设计

可移动展览展示区主要是采用宽900×2000高的展板进行绘画及设计作品的展览展示，展板数量共计45块，下面采用滚轴设计，可方便灵活地进行布局。同时，可移动的展板也具有一定的空间围合作用，在会议交流、设计俱乐部等活动中，可实现局部公共空间的私密分割（图2-12）。在可移动展示区，设置1800×450宽的模型展示桌，采用两个一组的形式进行展品的展示。可移动模型展示桌也可方便学术会议交流时作为会议桌使用。

图2-12 科普曼智慧活动中心可移动展览展示区

2. LOFT风格的整体展现

智慧多功能活动中心采用坡屋顶造型，南北两侧预留排水孔，方便雨水

的倾泻与排出。四周加建钢结构立柱进行主体承重，钢结构加建完成后主体全部喷黑处理，顶面采用钢化夹胶玻璃。玻璃顶部贴隔热膜防止夏季过热，冬季过冷。原有地面在设计过程中，预计采用LG防潮木地板，在实际施工过程中，为更好呈现室内整体风格，以及地面的耐磨及易维护，采用环氧树脂做旧地面处理（图2-13、图2-14）。

在休息区C区，采用高低台阶的形式，主要考虑此区域正对舞台对面，观看距离较远，采用两级台阶阶梯差，有效提升观看舞台区域的效果，同时此区域靠近南侧玻璃幕墙，属于固定区域，采用卡座沙发设计，与中间可移动桌椅形成高低错落的比例关系，使得整个大厅从视觉效果上更加丰富，充满层次（图2-15）。

图2-13　舞台区域设计效果图

图2-14　休息区A区设计效果图

图2-15　休息区C区设计效果图

3. 校园文化的展现

在整体设计中，将安徽财经大学校园文化融入整体空间设计中，在本项目设计中，主要围绕我校校训"诚信博学，知行统一"与艺术学院"艺润天下"的教学理念为基本设计主题。在西入口采用直径为2.9m圆形水池，水池中央设置"艺润天下"形象墙，形象墙采用40mm金属方钢制作，将徽派建筑中马头墙以高低错落的屏风形式进行展现。三块屏风采用瓦片拼接的形式进行，左右两侧采用花瓣的拼接方式，中间采用扇形的造型拼接。形象墙倒映在水池中央，将徽派建筑与校园文化相得益彰（图2-16）。

在东入口靠近大厅区域，将我校校训"诚信博学，知行统一"以卷轴的形式进行表现，卷轴一方面表现了大学校园以学习知识为基本目标，同时也象征着艺术学院的艺术特色。书简的造型采用长180mm、宽80mm、高2400mm的书简形式，以弯曲的曲线形式进行排列。地面下凹100mm，铺装白色鹅卵石，以篆体雕刻的形式将"诚信博学，知行统一"8个大字按不

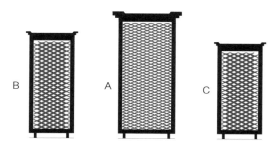

图2-16　西入口艺润天下形象墙设计方案及现场施工图

同比例、高低错落分部在竹简上。在施工制作过程中，以1:1比例进行放样，底座用多层板以如意造型进行垂直立柱的支撑，每个立柱表面以木质的装饰贴膜形式进行展现，上下以8mm的麻绳进行立柱横向的串联，从视觉效果上追求竹简效果的呈现。中间4个字体以密度板进行雕刻，厚度为18mm，之后做旧处理，粘贴在4块不同比例的方盒子中，地板用红色的丙烯进行做旧处理，整体字体效果以印章的形式进行表现（图2-17）。

图2-17　东入口"诚信博学"形象墙设计方案及现场施工图

2.4.3 创意饮品区设计解读

创意饮品区位于中庭的西南角，主要是为智慧中心的会议服务、展演、俱乐部等提供各种饮品，此部分是科普曼大学生创新创业基地项目之一。主要经营品类有咖啡、奶茶、果汁、冷饮等。吧台设计为高低两段式，1050mm高吧台部分为操作台和收银台，900mm高矮台面为等待配送区。顶部采用灯箱布喷绘形式，将西入口梅花造型应用其中，与西入口形成呼应（图2-18、图2-19）。

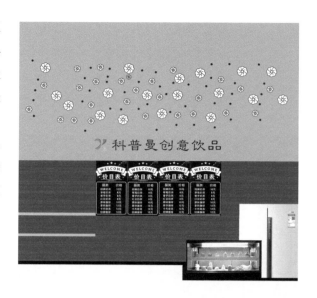

图2-18　"吧台"正立面设计方案

图2-19　东入口"诚信博学"形象墙设计方案

2.4.4　创意书吧设计解读

创意书吧位于走廊西南角，紧邻吧台一侧。这部分主要是会务服务的一部分，提供文具、书、打印复印、零食等服务。在实际施工过程中，吊顶全部保留，以装饰贴膜的形式进行表面装饰，西侧墙面设计为三个卡座与装饰画相结合的形式，每个卡座下部留有插座，方便使用（图2-20）。

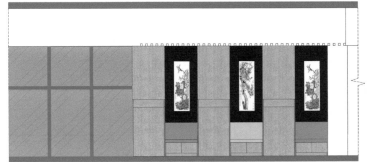

图2-20　智慧中心书吧设计方案

2.5　软装设计解读

2.5.1　家具设计分析

1. 灵活布局的多功能性

智慧活动中心是以"多功能"为特色，满足会议服务、展览展演、校园休闲、设计俱乐部等不同功能，因此，在家具设计中需要考虑整个会场的灵活布局与可移动性。会议室和科普曼研发中心二层会议室的会议桌均采用可折叠独立会议桌，规格有1200mm×600mm×750mm（高）、1200mm×450mm×750mm（高）、1000mm×600mm×750mm（高），根据会场需求进行不同拼接。450宽的桌子主要应用在可移动展览展示区的模型展览区，600宽的长桌主要应用在两个会议室中。

2. 家具的原创性

在本项目中，以淮河文化和校园文化为中心，根据智慧中心的使用功能进行了大量原创家具的设计与制作。淮河从蚌埠一穿而过，是淮河文化的重要发源地，车墩文化、大禹治水，花鼓灯艺术等已成为蚌埠的文化标签。蚌

埠盛产珍珠，又被誉为"珠城蚌埠"。如何将蚌埠当地文化融入整体空间设计
中，家具陈设设计对当地文化的传承具有重要意义。在本项目设计中，设计
了不同类型、不同款式的座椅，并已取得相关产品的外观专利。

和善椅

从蚌埠花鼓灯扇子的造型出发，演变为河蚌的珍珠，以此为基本设计思
路，设计了"和善椅"，最初为多个不同的颜色，后期工厂定制时，考虑造价
与整体空间的协调，最终以深蓝和黄色为一组（图2-21）。

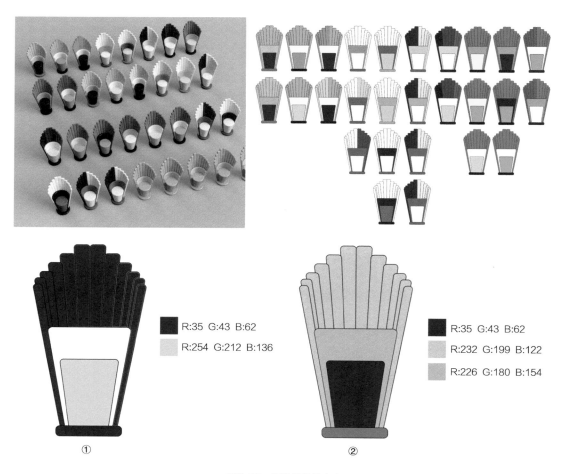

R:35 G:43 B:62
R:254 G:212 B:136

R:35 G:43 B:62
R:232 G:199 B:122
R:226 G:180 B:154

①   ②

图2-21 和善椅设计方案

鼓舞椅

鼓舞椅的设计遵循上面和善椅的基本设计思路，以花鼓灯的"鼓"为基
本型，将蚌埠当地"珍珠女"的传说融入其中，以玫瑰金外部支撑的半弧形

椅腿为支撑，形成类似裙摆的造型。中间三层的椅垫与"鼓"形的靠背形成对比，在视觉外观上形成舞动的造型，轻盈活泼（图2-22）。

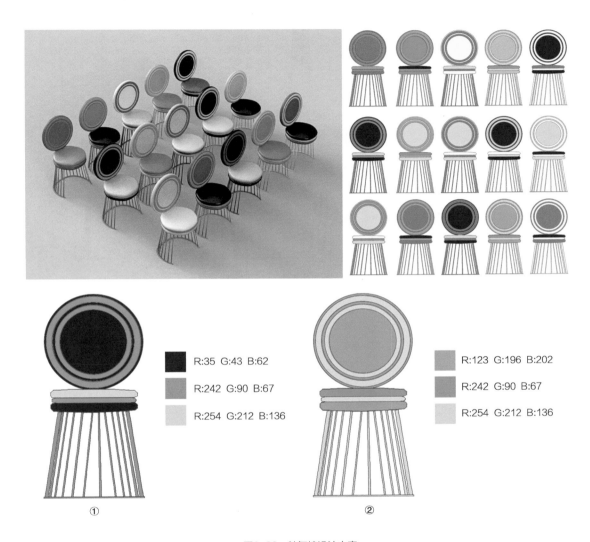

	R:35 G:43 B:62
	R:242 G:90 B:67
	R:254 G:212 B:136

	R:123 G:196 B:202
	R:242 G:90 B:67
	R:254 G:212 B:136

① ②

图2-22 鼓舞椅设计方案

其他原创家具系列

其他原创家具包括"舞动高靠背椅"，主要应用在大厅吧台和创意文具店吧台处（图2-23）。徽椅系列主要是从徽派建筑中吸取设计灵感，将马头墙以垂直构建的形式从靠背到中间椅腿的支撑，白色的软垫以六边形造型为基础，从顶视图观看仿佛一颗白色的珍珠放置在椅面上（图2-24）。"QQ"椅灵感来源于具有弹力的QQ糖，充满趣味性（图2-25）。

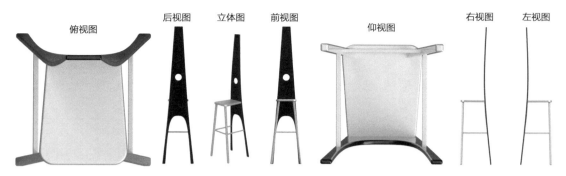

俯视图　　后视图　立体图　前视图　　　　仰视图　　　　　右视图　左视图

图2-23　舞动高靠背椅设计方案

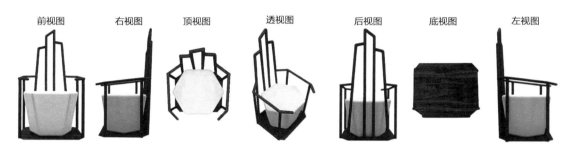

前视图　　　右视图　　　顶视图　　　透视图　　　后视图　　　底视图　　　左视图

图2-24　徽椅设计方案

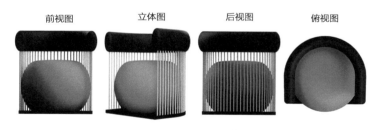

前视图　　　　　立体图　　　　后视图　　　　俯视图

图2-25　"QQ"椅设计方案

3. 软装设计与定位图

在商业空间设计流程中,设计方案确定后,需要对整体空间的软装家具以清单的形式进行整理,便于后期家具采购。一般在家具清单中以区域进行划分,并将家具的样式以彩图的形式进行分类,同时单价、数量、工艺等需要标注清晰,便于家具采购时进行参考。在软装设计中,除了软装清单外,一般还需要家具的定位图,即在平面图上将家具的摆放位置、数量、造型图片等进行整理归纳,这主要是方便家具进场后后期的软装摆场(图2-26)。

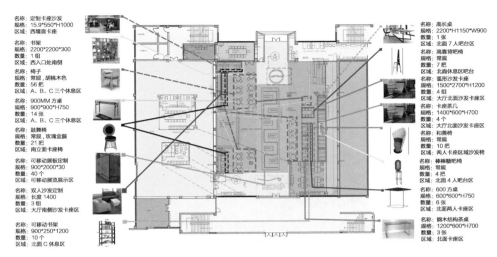

名称：定制卡座沙发
规格：15.9*550*H1000
区域：西墙面卡座

名称：书架
规格：2200*2200*300
数量：1组
区域：西入口处南侧

名称：椅子
规格：常规，胡桃木色
数量：56把
区域：A、B、C三个休息区

名称：900MM 方桌
规格：900*900*H750
数量：14张
区域：A、B、C三个休息区

名称：鼓舞椅
规格：常规，玫瑰金腿
数量：21把
区域：南立面卡座椅

名称：可移动展板定制
规格：900*2000*30
数量：40个
区域：可移动展览展示区

名称：双人沙发定制
规格：长度 1400
数量：3组
区域：大厅南侧沙发卡座区

名称：可移动书架
规格：900*250*1200
数量：10个
区域：北面 C 休息区

名称：高长桌
规格：2200*H1150*W900
数量：1张
区域：北面吧台区

名称：高靠背吧椅
规格：常规
数量：7把
区域：北面休息区吧台

名称：弧形沙发卡座
规格：1500*2700*H1200
数量：4组
区域：大厅北面沙发卡座区

名称：卡座茶几
规格：1400*600*H700
数量：4个
区域：大厅北面沙发卡座区

名称：和善椅
规格：常规
数量：10把
区域：两人卡座区域沙发椅

名称：棒棒糖吧椅
规格：常规
数量：4把
区域：北面 4 人吧台区

名称：600 方桌
规格：600*600*H750
数量：6张
区域：北面两人卡座区

名称：钢木结构茶桌
规格：1200*600*H700
数量：3张
区域：北面卡座区

图2-26　科普曼智慧多功能中心家具设计及定位图

2.5.2　光环境与灯具设计定位

　　光环境对于商业空间的氛围的营造具有重要作用。在本项目设计中，顶部为钢结构玻璃造型，最低点举架为5m，最高点为6.2m。整体光源设计为主光源与辅光源。考虑到室内空间的高度与钢结构造型，主光源采用直径为800的六边形造型为基本形，可以进行不同形式的拼接。在整体大厅设计中，共设计了9组花型图案，用于主体照明光源。在A、B、C休息区分别采用不同的吊灯进行设计，主要是环境氛围的营造与室内空间装饰的需要。详细的灯具定位详图如图2-27所示。

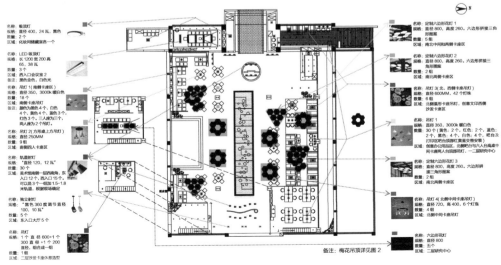

名称：吸顶灯
规格：直径400, 24 瓦、黑色
数量：2个
区域：化妆间储藏室各一个

名称：LED 吸顶灯
规格：长 1200 宽 200 高
65、38瓦
数量：3个
区域：西入口会议室 2
备注：黑色金色，白色光

名称：吊灯1(南侧卡座吊灯)
规格：直径 350, 3000k 暖白色
数量：18 个
区域：颜色配置为黑色 4 个、白色
4 个、黄色4 个、金色3个、
红色 3 个, 三人座为三个，
两人座为2个
区域：南侧卡座吊灯

名称：吊灯2(方形桌上方吊灯)
规格：直径 250MM
数量：9组
区域：南侧四人卡座区

名称：轨道射灯
规格：直径 120, 12 瓦*
数量：30 个
区域：美术馆南侧一层内两南, 东
立面入口 15 个, 西入口15个,
可以配置 3 个一组为1.5~1.8
米长轨道，根据现场确定

名称：独立射灯
规格：黑色 360 度调节直径
100, 10 瓦*
数量：5个
区域：东入口大厅 5 个

名称：吊灯
规格：1 个 直 径 600+1 个
300 直 径+1 个 200
数量：1组
区域：二层沙发卡座休息桌造型

名称：定制六边形花灯 1
规格：直径 800、高度 260、六边形拼接三角
形图案
数量：5组
区域：南北中间和两侧卡座区

名称：定制六边形花灯 2
规格：直径 800、高度 260、六边形拼接三
角形图案
数量：2组
区域：北北两侧卡座区

名称：吊灯 3(北、西侧卡座吊灯)
规格：直径 600MM、12 个灯珠
数量：6组
区域：北侧西面卡座区吊灯，创意文印西侧
沙发卡座区

名称：吊灯1
规格：直径 350, 3000k 暖白色
数量：30 个（黑色：2 个; 白色：2 个,
金色：黑色：2 个 白色：2 个, 吧台及
2打印区吧台上部沙发及音乐吧台)
区域：创意办公和运动区, 北侧吧台专为八人台造集中
间半桌两人台沙发吊灯, 一二层研究中心

名称：定制六边形花灯 3
规格：直径 800、高度 260、六边形拼
接三角形图案
数量：2组
区域：南北两侧卡座区

名称：吊灯4(北中间卡座吊灯)
规格：直径 720, 高 400, 6 个灯瓶
数量：4组
区域：北面中间卡座区吊灯

名称：六边形花灯
规格：直径 800
数量：五个
区域：二层研究中心

备注：梅花吊顶详见图 2

图2-27　灯具设计定位图

2.5.3 装饰贴膜设计

装饰贴膜是一种新型的环保材料，是在有防火要求的应用空间里，可进行现场施工的饰面装饰材料（图2-28）。表面花色多样，可呈现不同木纹、石材、布艺、金属等不同材料的质感与表面肌理效果，被越来越广泛地应用在酒店、餐厅、办公等商业空间设计中。北京科普曼经贸有限公司主要是经营进出口装饰贴膜的私营企业，目前业务主要包括连锁酒店、连锁餐厅、办公室等商业空间装饰贴膜与施工。本项目为科普曼全额捐赠，室内所有空间的表面处理均以装饰贴膜进行装饰。

装饰贴膜可应用在家具表面、门、墙面设计以及顶面设计中，其优良的阻燃性能、符合欧盟环保标准的环保性、施工成本的降低成为装饰贴膜快速占领市场的重要武器。装饰贴膜背面自带背胶，施工质量可靠，在复杂造型或石材柱面的设计施工中，可以用仿石材装饰贴膜取代，大大降低干挂石材的施工成本，表面肌理与真实的石材效果相当。在本案设计中，除吧台采用大理石台面外，其他区域均采用不同花色的装饰贴膜进行空间效果的呈现。主要以仿木纹贴膜为主，在西入口区域采用户外的耐候装饰贴膜，防止雨淋日晒。详细装饰贴膜定位图详见图2-29。

浮刻纹路技术

Simulated Wood Graining Technology

天然逼真的木纹处理技术

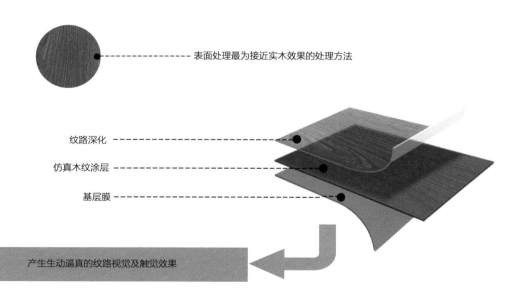

表面处理最为接近实木效果的处理方法

纹路深化

仿真木纹涂层

基层膜

产生生动逼真的纹路视觉及触觉效果

天然原木的自然质感无差别化的设计

Design of Natural Log without Differentiation in Natural Texture

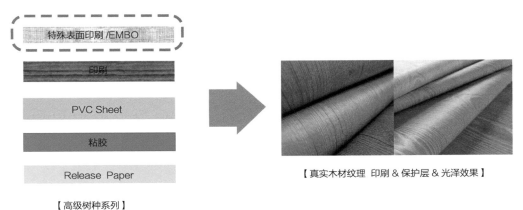

图2-28　科普曼装饰贴膜结构图

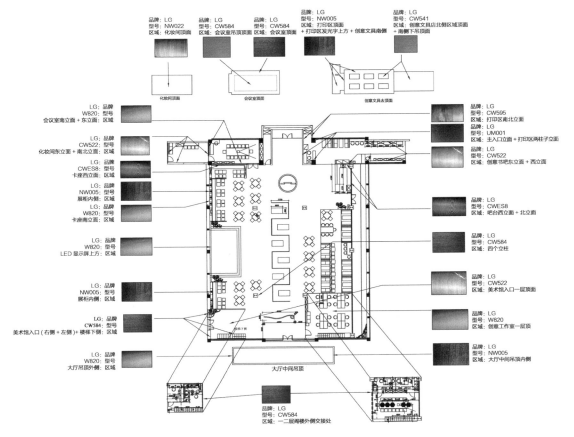

图2-29　装饰贴膜定位图

2.6　智慧空间可视化设计

　　科普曼多功能智慧活动中心是安徽财经大学艺术学院联合北京科普曼经贸有限公司、安徽淮美环境科技有限公司、安徽迪哥特文化传媒有限公司共同负责开发的集会议展演、创新创业、电子商务、数据化管理为一体的智慧化多功能空间环境设计。该项目由安徽财经大学艺术学院环境设计专业负责总体规划设计，由北京科普曼经贸有限公司投资约380万负责项目主体建设，由安徽迪哥特文化传媒有限公司负责可视化技术与平台建设，后期由安徽淮美环境科技有限公司负责市场推广与运营管理的产学研一体化项目。

2.6.1　理论目标

1. 构建多功能智慧空间可视化设计的核心知识产权

　　围绕多功能智慧空间的可视化在建筑空间可视化、会议展演可视化、电子商务可视化、管理平台可视化等方面建立该项目的发明、实用新型、外观设计专利以及整个智慧空间商业策划的知识版权等。目前已成功申请8个发明专利，25个实用新型，26个产品外观，1个著作权，已完成初期知识产权的申请与研发。

2. 构建多功能智慧空间及其可视化设计的建设内容

　　在核心知识产权的基础上，依托综合类大学的学科优势，构建多功能智慧空间的建设内容，主要包括多功能空间的建筑装饰、空间布局、硬件设施等可视化设计的基本内容。

3. 建多功能智慧空间可视化设计的建设标准

　　构建多功能智慧空间环境设计及其可视化设计的基本建设标准，在建筑面积、空间设计、软装陈设、信息化建设等方面建立高、中、低三个不同等级的建设标准，使其具有更强的适应性和普及型。

2.6.2　实践目标

1. 构建校企协同创新下的多功能智慧空间产学研产业化的基本建设模式

第一是通过校企协同创新的方式，以企业提供资金、学校提供场地及知识产权研发、企业负责市场推广等产学研一体化形式，将学校的教育资源、企业的市场资源无缝对接，实现校企协同创新发展。

第二是发挥校企协同创新的优势与互补，在多功能智慧空间的核心知识产权建设、建设标准、信息资源、数据处理、管理运行、市场推广、后期服务等方面建立产学研一体化建设模式。建立不同模块的建设标准、评估体系、市场准入等系列方案，为项目的产业化发展提供整体解决方案。

2. 构建多功能空间独特的智慧化管理模式以及整体化运营、推广模式

将大数据、可视化技术应用到整个智慧空间的设计、管理与运营中，建立相关设计数据库、会议展演数据库、电子商务数据库、创新创业数据库等，构建多功能智慧空间独特的数据化信息管理模式。以安徽财经大学艺术学院科普曼多功能智慧活动中心为支撑点，逐步建立安徽省综合类院校智慧空间整体化运营与推广模式。

2.6.3　总体思路

通过物联网技术，将人（教师、学生、管理者、社会公众人士）、物（智慧活动中心内的各种硬件设施）、事（各种校园文化活动）进行识别、传输、存储、处理和控制，是在校园网基础之上构建的校园智慧化的移动可视化网络平台[1]。

智慧活动中心管理平台借鉴智慧校园系统平台模式，采用面向服务的多层架构模式，将学校和智慧活动中心的资源、数据、信息等以基于服务的形式进行总体架构，包括四大体系、四个层级、三个应用系统[2]。智慧活动中心的整体系统可视化架构模式如图2-30所示。

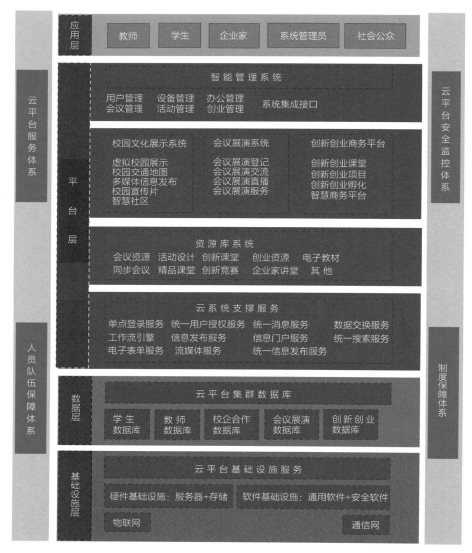

图2-30 科普曼多功能智慧活动中心可视化系统架构图

2.7 最终实景图展示

该项目于2019年6月15日竣工验收，以下为科普曼智慧活动中心竣工完成后的实景图（图2-31）。

图2-31　科普曼多功能智慧活动中心实景图

第3章
案例解读二：蚌埠张公山景区游客接待中心设计____

设 计 师： 孙娜蒙
施 工 图： 孙凯（2015年毕业于安徽财经大学环境设计专业）
总 面 积： 1550m²（二层）
项目日期： 2018.7.20 ~ 2018.8.20
项目地址： 安徽省蚌埠市张公山公园景区内

3.1 项目背景分析

3.1.1 项目区域位置

　　位于蚌埠市西南部，占地面积110.6公顷，其中，水面面积39.3公顷，山顶海拔71.2m。本项目位于张公山公园北门入口，旅游中心建筑总面积为3686m²，其中一层为2657m²，二层为1029m²。接待中心所占面积为1550m²。整体建筑为徽派建筑风格，坡屋顶，水泥梁柱，其中一层为开敞式接待大厅，二层为办公空间（图3-1）。

图3-1 张公山现场图片

3.1.2　项目历史文化分析

　　蚌埠历史文化悠久，物华天宝，人杰地灵。张公山系涂山山脉，涂山一带曾是原始社会后期涂山氏居住的地方。涂山脚下的禹会村，传说是当年治水英雄大禹会诸侯之地，作为行政村村名属全国唯一，这里至今流传着大禹治水三过家门而不入的动人故事。据《怀远县志》记载：明朝嘉靖年间此山就叫张公山，山下一湖，名化陂湖，现更名为张公湖。相传，明朝有个张姓战将，解甲归田，隐居山下，由于他德高望重，当地百姓尊称张公，张公山因此得名。

　　1973年，蚌埠市政府决定利用张公山与化陂湖的自然风景和优美环境，将此山辟为公园，1975年建园工程全面开工。1983年7月1日，张公山公园正式对外开放。

　　从1986年以来，张公山公园各项基础设施和景点建设日益完善。先后建成了湖滨餐厅、水榭长廊、园中园、望淮塔、儿童乐园、月季园、动物园等。

　　2009年被国家旅游局授予国家AAAA级风景区称号。

　　2012年，经蚌埠市政府会议研究，对张公山景区进行提升改造。

　　因此，在进行张公山游客接待中心设计时，将淮河文化、涂山历史与当地的民俗民生进行融合，首先是梳理蚌埠淮河文化的内涵，以及淮河文化与项目本身之间的关系；其次是对涂山山脉与张公山历史进行挖掘，寻找文化基因进行传承；最后是将当地的风土人情如花鼓灯艺术等进行传承与发扬，使得张公山游客接待中心成为张公山景区对外展示、交流、服务的重要窗口（图3-2）。

涂山历史

蚌埠淮河文化内涵的挖掘与梳理，
以及淮河文化与项目本身的关系

当地风土人情与民生关怀民俗民生的延续性与传承性

淮河文化

涂山山脉与张公山的历史以及张公山名称的历史由来等

民俗民生

图3-2　张公山历史文化分析

3.1.3 项目定位分析

根据游客中心的基本功能，本项目主要从以下三个定位进行分析：一是接待与服务功能，以人性化的服务体系为核心，构建张公山充满人情化的服务体系；二是文化展示功能，对张公山文化、当地的民俗民风进行全方位立体展示；三是人与环境的交互性，为用户提供寓教于乐、充满期待与趣味性的游客接待空间，真正让用户参与其中（图3-3）。

定位一　　　　　　　　定位二　　　　　　　　定位三

图3-3 张公山项目定位分析

3.2 设计原则

游客接待中心的设计原则主要包括以下四个方面：①空间的组织性原则。主要是整体空间布局的方便、快捷，动线设计合理；②遵循人性化设计原则。主要是满足用户精神和物质上的双重需求，同时为用户提供人性化的服务；③本土化原则。主要是将地域文化与元素在空间设计中进行融合、展现，使地域文化得以传承与发展；④人与空间的交互原则。将大数据、可视化信息技术等应用在整体空间设计中，使人与空间环境产生交流与情感共鸣，起到寓教于乐的功能（图3-4）。

图3-4 张公山游客中心设计原则分析

3.3 游客中心功能与平面布局分析

3.3.1 游客中心功能分析

游客接待中心的主要功能包括：空间的基本功能；互动交流功能；寓教于乐功能；产品展示功能（图3-5）。

图3-5 张公山游客接待中心功能分析

3.3.2　平面布局分析

　　整体空间布局一层为接待和服务区，二层为展览展示区。一层接待区主要包括接待台、休息区、医务室、无障碍中心、特色纪念品超市等。其中接待台主要为用户提供咨询、快递、团体接待等服务；特色纪念品超市为当地特色、特产的展示与销售区；为游客配备医务室、无障碍设施租借区，是方便游客、服务游客的设计宗旨的良好体现。在中间大厅接待区的背后设置为休闲区域，主要是为游客及附近居民提供茶歇服务，吧台设置在右下方拐角处，休闲与接待区互不干扰，增强了休闲区的私密性。在接待区最下端设置中型会议室，共容纳20人左右，为团体接待或相关活动提供会议服务及相关设施。在一楼至二楼的楼梯转角处利用楼梯台阶下的空间进行储物，在二楼转向平台采用绿色植物进行装饰。在进入大厅的左、右两面墙体均设有相应的电子查询系统，以嵌入式的形式进行，方便用户查阅张公山景区相关资料。一层整体布局如图3-6所示。

　　二层主要以移动展览展示设计为主，并配备相应的VIP接待室和影音室。展台和展架设计全部采用模块化可拆卸装置，可根据不同展览要求进行灵活组合。在二层大厅两侧墙体设有电子查询系统以及互动交流的触屏设计。VIP接待室主要是接待相关部门领导参观、学习、交流的接待场所。影音室主要是以VR虚拟现实技术对张公山及蚌埠当地的文化进行展示、学习的场所。二层整体布局如图3-7所示。

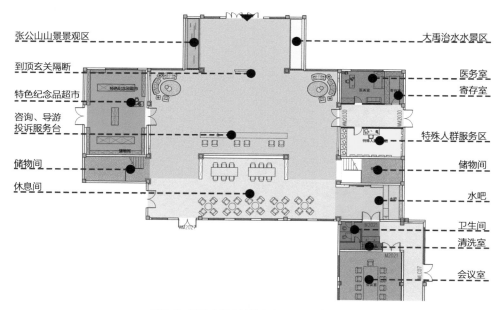

图3-6　张公山游客接待中心一层平面布置图

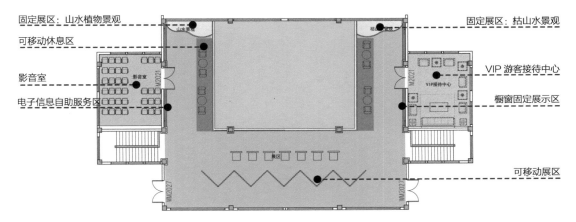

固定展区：山水植物景观
可移动休息区
影音室
电子信息自助服务区

固定展区：枯山水景观
VIP 游客接待中心
橱窗固定展示区
可移动展区

图3-7 张公山游客接待中心二层平面布置图

3.4 一层设计方案解读

3.4.1 入口玄关处设计解读

一层入口玄关主要是以蚌埠文化和张公山文化进行形象墙展示，从进入大厅开始，将地域文化融入整体空间环境中，蚌埠文化主要选取大禹治水以及大禹精神的展现为形象展示（图3-8）。在实际设计方案设计中，顶部设计保留原屋顶，以深胡桃木木梁的形式进行顶部处理。玄关与大厅连接处采用圆形漏窗形式，以精致的玄关柜进行漏窗景物点缀，使得接待台正面与玄关入口产生不同的玄关小景装置设计。在玄关的整体设计中与整体徽派风格保持一致，山体造型的木质形象墙装饰设计意在体现蚌埠张公山文化的山水意境（图3-9）。

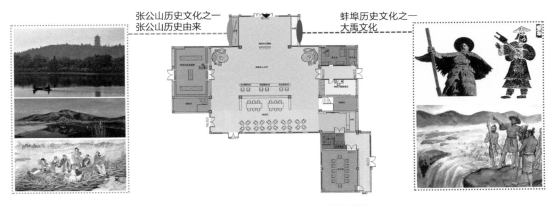

张公山历史文化之一
张公山历史由来

蚌埠历史文化之一
大禹文化

图3-8 张公山游客接待中心玄关分析图

图3-9　张公山游客接待中心玄关效果图

3.4.2　游客中心一层大厅设计解读

　　在整体接待大厅设计过程中，以现代简约的徽派风格为主，整体软装搭配追求简约、精练，整体界面设计以白墙、胡桃木装饰为主。大厅顶部不做吊顶处理，遵循原有的梁架结构，以胡桃木木饰面进行梁、椽设计。设计分析如图3-10所示。

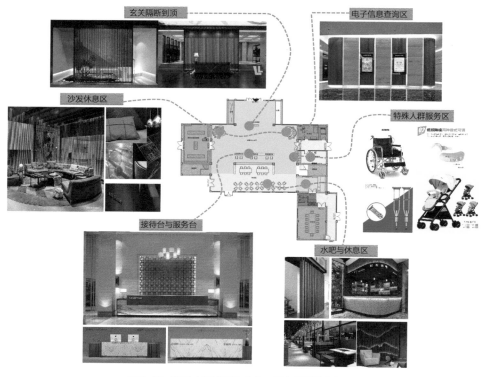

图3-10　张公山游客接待中心一层大厅设计分析图

1. 一层游客接待大厅设计解读

在一层大厅设计中，以徽派建筑传统木构架为原型，将现代设计手法与徽派建筑风格相融合。接待台采用爵士白大理石台面，两侧柱子采用胡桃木饰面，以金色凹槽进行线条装饰，与背景墙面装饰形成对比，恰到好处的金色线条赋予游客中心大气端庄的独特气质。沙发区背景采用嵌入式LED屏，垂直分割的木格栅与吧台区域相得益彰（图3-11）。

图3-11 张公山游客接待中心一层大厅效果图

2. 一层沙发休息区设计解读

沙发休息区位于接待台的背面，顶面采用木铝格栅形式，与大厅坡屋顶的胡桃木梁架形成对比，格栅颜色为深胡桃色，座椅共分为高低两种形式，在接待台背面采用爵士白大理石的高吧台形式的高桌，配备高吧凳。在靠窗区域设置卡座沙发，高低错落，满足不同人群的休息需求。整体色调采用灰色红绿对比色系，使沙发区呈现惬意自然的休闲氛围（图3-12）。

3. 一层吧台设计解读

正对会议室门口的墙面采用垂直木格栅的形式，中间采用圆形中式传统意境书画作品，与玄关入口处圆形漏窗形成首尾呼应。吧台主要是为休息区用户提供茶饮服务，墙面采用红色文化砖进行装饰，吧台立面与大厅二层墙面装饰形成呼应，采用瓦楞文化砖形式，并配以黑金花大理石台面（图3-13）。

图3-12　张公山游客接待中心一层休息区大厅效果图

图3-13　张公山游客接待中心一层吧台处效果图

4．会议室设计解读

会议室设计顶部采用垂直木铝格栅的局部装饰，采用两级吊顶造型，会议室背景墙采用凹凸起伏的垂直线条分割，与接待台背景相呼应。将中式屏风隔断简约处理，营造静谧、安静的办公环境。此处的处理手法与吧台入口处保持一致，也是大厅徽派现代风格在会议室的延伸（图3-14）。

图3-14　张公山游客接待中心会议室效果图

3.4.3　游客中心细节效果展示及文化解读

在游客中心设计过程中，共通过3处细节对张公山文化进行展示与解读，如图3-15～图3-17所示。

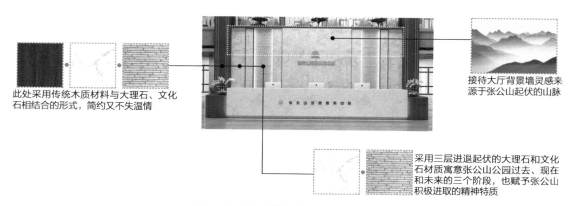

此处采用传统木质材料与大理石、文化石相结合的形式，简约又不失温情

接待大厅背景墙灵感来源于张公山起伏的山脉

采用三层进退起伏的大理石和文化石材质寓意张公山公园过去、现在和未来的三个阶段，也赋予张公山积极进取的精神特质

图3-15　张公山游客接待中心文化解读1

休息区背景采用马赛克抽象拼图形式，将"张公山凹凸起伏的山型"进行诠释，借由凹凸起伏的山型寓意跌宕不平的人生。使在此休息的人能够抛下一切，安然享受自在的人生、欣赏美丽的张公山自然风景

金色的吊灯与金线木桩相呼应，在细节上处处体现风格的统一与完整

图3-16　张公山游客接待中心文化解读2

吧台区吧台台面与顶部波纹材质同样来源于张公山，使造型和文化寓意上统一完整

在大厅一层和二层连接处，采用垂直分割的凹槽波纹板材质，上下用大理石收口，垂直的波纹板同样以张公山为原型，与入口玄关、接待台和沙发背景寓意一脉相承

图3-17　张公山游客接待中心文化解读3

3.5　二层设计方案解读

3.5.1　二层设计分析

　　二层主要为可移动展览展示区，在二层两头尽端采用植物景观与人文展示的形式将蚌埠的张公山地域文化与景观设计相融合，赋予整体空间以深刻的文化内涵，让生态环境与人文环境相互交融。整体风格与一层大厅设计保持一致，详见设计分析图3-18。

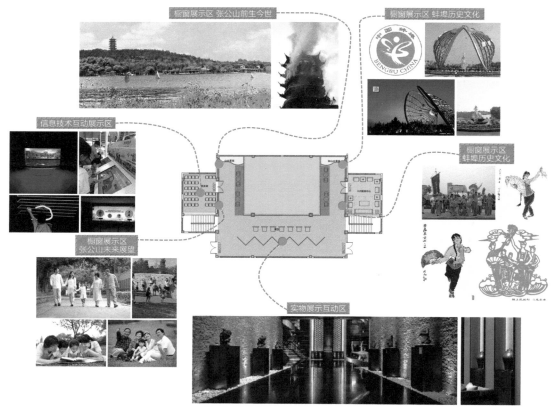

图3-18　张公山游客接待中心二层设计分析图

3.5.2　二层设计方案解读

　　二层主要为可移动展览展示区，展板采用移动可折叠式，可以根据实际需求进行自由、灵活布局。并设计相应的展柜，展柜可以根据实际展品需求进行不同的设计组合（图3-19）。二层南北两侧的拐角区域采用局部景观装置的形式进行，取张公山小景与山石营造不同的景观氛围（图3-20、图3-21）。

图3-19　张公山游客接待中心二层设计效果图

图3-20　张公山游客接待中心二层北侧区域效果图

图3-21　张公山游客接待中心二层南侧区域效果图

第二篇

酒吧、餐饮空间设计
案例解读

第4章
品牌餐饮空间设计_____

安徽财经大学提出新经管奋斗目标，这一目标是学校着眼于互联网、云计算、大数据、人工智能等新一代信息技术与经济社会及教育教学深度融合的战略需要。拥抱新时代，打造新经管，既是安财人提出的宏伟目标，也是安财人值得思考的一个重大课题。对于我校环境设计专业而言，在商业空间设计中如何融入新经管战略，将运营管理、大数据、互联网等与现代品牌餐饮空间设计深度融合，通过品牌战略管理提升品牌餐饮设计的美誉度和影响力是本章探讨的主要内容。

本章从品牌餐饮空间设计的现实需求出发，探讨了品牌餐饮空间设计的基本原则，并对整个设计流程进行了分析。

4.1   品牌餐饮空间设计的现实需求

4.1.1   新中产崛起，就餐环境品味提升的现实需求

随着新中产阶级的快速发展，随之而来的消费需求正在发生转变，过去"物美价廉"的消费理念逐渐被"高品质的文化体验"需求而转变。"80后""90后"成为整个品牌餐饮消费的主力军，"品牌"一词被越来越多的人提及，社会功能性消费已经从实用原则逐步向体验式与主题文化式等多重复合的消费模式进行转变。新中产持续消费的就餐需求也逐渐从满足其吃饱、吃好的基本功能体验转译到餐饮品牌所带来的更深层次的文化体验与品牌感知中来。对餐饮品牌的追求与塑造愈发成为新中产追求自身所属的品质、品位的象征性意义，对餐饮品牌专属符号的追求成为新中产特定人群社会阶层的新特质。

4.1.2   餐饮空间品牌识别规范化需求

餐饮空间设计的品牌化最直接的来源是该品牌视觉系统的统一性，比如店招设计、LOGO设计、专属元素设计、专属色彩设计等外在的视觉感知系

统。外在的品牌视觉识别系统是第一时间与消费者产生某种情感交流的主要媒介，更是消费者对其品牌认知度最直观的感受。随着新中产的崛起，对品牌餐饮的识别性与身份地位的归属性有着某种特殊的潜在关系，品牌形象的塑造与品牌的专有属性，往往与消费者的消费心理与情感产生某种直接或间接的价值链接。品牌餐饮视觉系统的规范化会进一步强化其对消费者带来的强烈视觉感受，留下品牌深刻的记忆点，从而唤起消费者潜在的消费动力，使得消费者从认知到品牌忠诚度产生强烈的认同感和文化的归属感。因此，餐饮空间品牌识别的规范化正是品牌餐饮进行品牌化营销、推广的现实需求。

4.1.3　餐饮空间环境独特性识别的现实需求

餐饮空间逐渐从单一的就餐环境朝娱乐、休闲、停留、接待等多元化方向发展，餐饮品牌的差别化竞争越来越激烈。"一茶一坐"、"俏江南"、"外婆家"、"海底捞"等中高端餐厅设计在多元化竞争中开辟了自身独特的空间品牌环境，将视觉品牌导向系统很好地与整体空间环境进行交融。在新生的品牌餐饮空间环境设计中，缺乏其自身独特的空间识别，跟风与模仿依然明显，在硬装设计标准、软装空间搭配以及色彩识别系统上缺乏统一的设计与管理，在空间环境中难以形成深刻的品牌记忆。如何实现品牌餐饮空间环境设计的独特性与专属性是餐饮品牌推广与持续发展的现实需求。

4.1.4　餐饮智能空间设计、数据化运营管理的现实需求

随着互联网、大数据的快速发展，美团网、大众点评、饿了吗等网络美食平台的大力推广与普及，使得点餐、送餐、评价、反馈等智能化设计越来越广泛地应用在现代品牌餐饮空间设计中。越来越多的餐厅选择智能化的管理订餐系统，使得为品牌商户提供点菜、外卖、会员管理与营销、移动支付等功能为一体的系统解决方案成为品牌餐饮发展的重点需求。对于品牌餐饮空间而言，如何通过大数据实现店内经营数据、多维度数据分析、如何通过大数据进行人员、租金、原材料等成本管控体系，如何通过数据化管理对整个服务流程如扫码点餐、上菜时间、撤台时间、等候时间等进行有效的管理与数据化支撑成为餐饮消费面临的新问题。如何通过数据分析将充值、消费、积分、折扣等与营销方案自动匹配，这是品牌餐饮空间智能化、数据化运营管理的现实需求。

4.2　品牌餐饮空间设计的基本原则

4.2.1　创新的品牌视觉识别形象

对于一个新的餐饮品牌而言，如何在整体的餐饮空间环境设计中体现其独有的视觉识别形象至关重要。SI系统（Store Identity System）是指专卖店形象识别系统，主要包括专卖店理念、文化及行为识别，专卖店展示系统，专卖店宣传规范等内容。在现代品牌餐饮空间设计中，外在的形象识别系统是餐饮品牌自身专属文化的深刻体现。SI系统与VI系统协调呼应，餐饮空间的店招、门头设计与主色调从建筑外观延伸到室内整体空间，使得SI系统设计能够在品牌视觉识别（VI）基础上进行扩展。此外，如何塑造专属的品牌餐饮视觉形象成为现代餐饮品牌自身差别化竞争的核心条件。首先是品牌文化的创新性，通过品牌故事赋予品牌文化鲜明的品牌定位，利用互联网、大数据等各种强有力的传播途径形成消费者对品牌精神上的高度认同；其次，是SI系统上的创新性。主要是品牌文化通过外在的视觉手段进行有效地传达，从颜色的专属性、LOGO的专属性、标准字体的专属性等方面进行表达与延伸；最后是整体空间的统一视觉形象的创新性塑造。即SI系统在整体餐饮空间的呈现，主要是将SI系统融入室内空间的界面设计、软装设计、餐具设计中，从VI、MI到SI进行贯穿，最终以整体空间创新性的表现手法予以呈现。

4.2.2　餐饮空间布局的标准化原则

餐饮空间的布局是品牌文化在室内整体空间的延伸与表现，品牌餐饮的空间布局遵循自身的餐饮品牌定位进行标准化布局，便于复制店的推广与管理。餐饮空间的布局主要是指门头设计、厨房设计、就餐区设计、收银/等候区设计、传菜通道、空间动线设计等内容。比如肯德基、麦当劳等快餐店的空间布局，从门头到室内空间形成了自身独特的空间布局。对于品牌餐饮的平面布局而言，如何高效利用有效面积，通过最大的翻台率来实现其最大经济效益至关重要。第一是室内空间区域的标准化划分。这主要包括厨房面积与区域划分、就餐区面积与划分、接待台/收银台区域面积与划分等内容，根据餐饮品牌定位与人群定位进行合理有效的面积与区域划分，此外空间服务半径与桌椅台位数的配比通盘考虑，从整体布局上形成自身的空间布局特征；第二是整体的动线设计标准。动线设计是指整体餐饮空间设计中传菜动线与用户动线设计避免交叉，合理的动线设计提升传菜效率，增强用户进出空间的体验感与舒适度。在动线设计与空间区域划分中考虑不同空间的形态塑造、比如圆形、弧线形、流线型、直线型等不同规格比例的空间因子划分，有助于形成特定的视觉形象识别元素。因此，空间布局的标准化是品牌餐饮空间设计的重要内容，形成了其在整体空间的基本品牌形象。

4.2.3　体验式空间设计原则

随着体验经济的到来，现代品牌餐饮空间设计由功能性消费逐渐向体验式消费转变，由此形成的体验式空间设计成为品牌餐饮的重点内容。在体验式空间设计中，首先要坚持以用户为中心原则，充分考虑用户的视觉、听觉、触感、互动与交流体验等多个层面，从界面设计、灯光设计、色彩设计、软装搭配等方面呈现立体多维的空间体验。其次是注重个性化空间体验，即为特定消费群体营造特定的就餐体验，比如海底捞为等待的顾客免费提供美甲、美鞋、护手、眼镜清洗等服务，为等待的就餐人群免费提供饮料、零食、水果，为前来就餐的儿童提供各种游玩设施和场地，形成了海底捞独特的空间文化体验。最后是营造充满趣味的空间体验。将品牌文化、品牌故事等融入整体空间中，以创新的手法体现空间的趣味性、娱乐性与休闲性等。好的空间体验增强用户的记忆点，激发用户的参与热情，能够让用户感同身受，从而有效增加用户对品牌的忠诚度。

4.2.4　软装陈设的独创性原则

轻装修重装饰是现代室内空间环境设计的大趋势，品牌餐饮空间的良好呈现有赖于独特的软装设计。软装设计包括家具、陈设品、装饰画、摆件、窗帘、布艺、绿植、灯具设计等内容。在品牌餐饮空间中塑造其独特的空间体验与空间识别有赖于软装设计的创新性表现。一般包括以下三方面内容：第一是软装设计的专属元素或符号设计，这主要是指专有元素的特定性与原创性，特定符号应与VI、SI系统保持一致，是其在软装设计中的延伸；第二是软装设计的专有色彩设计，专有色彩设计与LOGO、品牌的标准色保持一致，同时，在色彩设计时充分考虑色彩对人的心理产生的情感联想，与空间的整体氛围保持统一；第三是软装表面触感材质的独特表现。软装设计有赖于材料的呈现，布艺、皮革、金属、木材等不同的材质均呈现不同的触感肌理，对整体空间氛围的营造具有重要的影响。因此，特定的空间氛围与品牌文化需要特定的材质表现，在空间塑造、材质表现上形成自身独特的表现手法。

4.2.5　智慧化设计原则

互联网、大数据、云计算的飞速发展，正在对传统的餐饮行业形成新的冲击，传统的功能性就餐环境逐步向多元的智能化空间环境转变。机器人餐饮服务、智能化餐饮管理系统、自动化的室内空间物理环境的调节装置等使得现代餐饮空间设计面临新的机遇与挑战。智慧城市、智慧校园正在逐步发展壮大，智慧餐饮空间设计成为现代餐饮空间设计的新课题。智慧化的餐饮空间设计主要包括硬件环境的智能化设计、自动化的餐饮管理系统、以用户为中心的智慧化体验设计等内容。

室内环境的智能化设计：这主要是指采用智能化的装置与设施设计，实现室内空间环境的智能化调节。比如智能化的灯光控制系统，实现室内空间不同场景、不同区域的灯光氛围调节。

自动化的餐饮管理系统软件应用：餐饮管理应用系统已成为品牌餐饮的首要选择，其自动化的数据分析、会员积分、折扣与不同促销方式的自动匹配逐渐成为现代品牌餐饮的重要内容。

用户体验的智慧化设计：移动互联网的快速发展，数字化的交互体验成为现代品牌餐饮的重要内容，通过手机客户端与店内管理系统软件的相链接，将品牌店的品牌故事、品牌文化等以可视化的形式进行展现，通过数字化的互动体验呈现不同的消费体验。

4.3　品牌餐饮空间设计的基本流程

品牌餐饮空间设计的基本流程是：确定品牌定位—品牌空间专属设计—硬装设计标准—软装设计标准—智慧化设计标准—品牌餐饮空间设计手册制定等内容。

1. 搜集资料，确定餐饮品牌定位

在与甲方的沟通中获取最大化的资料信息，对餐饮品牌的区位、面积、消费群体、菜品设计等进行综合考察与分析，将地域文化、餐饮文化、品牌

文化综合考虑，找到品牌的基本定位。如果是已有成熟品牌的改造升级，则需要在原有品牌基础上在品牌延展度、品牌创新等方面进行有效设计，进一步增强其品牌专属性与文化认同。

2. 品牌空间专属设计

品牌空间专属设计主要从专属文化、专属元素、专属色彩等方面入手。专属文化是品牌定位之后在空间环境中的基本体现，品牌文化是隐性知识的显性传播，必须借助于外在的物质载体比如界面设计、家具软装等才能在空间中得以呈现。专属元素与专属色彩是专属文化的显性传播形式，是品牌餐饮在室内空间中得以全方位展示的基本元素或符号。

3. 硬装设计标准

硬装设计主要包括空间布局、水电设计与施工、地面设计与施工、墙面设计与施工、顶面设计与施工、装饰材料选样标准设计等内容。从硬装设计中逐渐建立品牌餐饮的设计标准，这对于后期的品牌推广与复制店改造设计提供基本的设计依据。

4. 软装设计标准

品牌空间的环境效果及环境氛围的呈现均依赖独创的软装设计。因此，需要在品牌餐饮的软装设计中建立自身的标准至关重要，这主要包括家具设计、装饰品设计、装饰画设计、绿植设计、窗帘设计、织物设计等内容，在专属符号与专属颜色的设计体系下建立自身软装设计标准。同时综合考虑2~3年品牌店改造升级过程中如何以可持续的设计手段实现最佳的设计效果。

5. 智慧化设计标准

智慧化设计标准主要是从硬件设计的智能化及软件系统的智能化等方面逐步建立相应的标准，包括设备的使用、软件系统的开发、可视化数据展示等。

6. 品牌餐饮空间设计手册制定

将以上内容整理成册，便于后期的宣传与推广。并在后期的应用过程中，定期对相应内容进行更改与提升，便于后期的品牌升级与维护。

4.4　结论

　　品牌餐饮的空间环境设计随着时代的发展而在不断地更新、变化。其独特的空间体验、专属的文化特征已成为品牌餐饮空间设计的重要特质。同时，餐饮空间的设计边界变得越来越模糊，对设计师自身的素质要求也越来越综合，单一的以效果图视觉外观的餐厅设计手段变得单薄而乏力。在为更美好的就餐体验的设计进程中，大数据、互联网等智慧化的交互设计手段正在迸发强有力的生命力，因此，品牌餐饮空间设计也面临新的机遇与挑战。

第5章
案例解读三：怀远县零点酒吧KTV设计_____

设 计 师：孙娜蒙
施 工 图：孙凯（毕业于安徽财经大学 2011 级环境设计）
总 面 积：1450m²（三层）
工程造价：230 万
项目日期：2016.5.1 ~ 2016.8.25
项目地址：安徽省蚌埠市怀远县禹王路中段

5.1 项目背景分析

　　该项目位于安徽省蚌埠市怀远县禹王路中段，原建筑共4层，为20世纪80年代的被服厂车间，于2006年出租给怀远零点文化传媒有限公司用于商业办公。零点作为怀远县最早的酒吧KTV，在经营10年后，准备重新进行装修，拆除所有旧的装饰，保留被服厂基本的空间形式，现场图片如图5-1所示。

图5-1 现场图片

5.2 设计理念——"70后""80后""90后"文化融入

5.2.1 风格定位

　　工业风设计风格，由于该建筑为20世纪80年代的被服厂，为保护性工业厂房建筑，故在进行设计初期，将原有所有装饰全部拆除，保留被服厂原有的框架结构。整体空间以水泥灰做旧处理，采用黑金属、玻璃、锈板等材料，以黑白灰为主色调，并搭配旧的老物件进行软装配，引起人们对过去美好事物的回忆。

5.2.2　人群定位

消费人群以"70后""80后""90后"为主体，搜集这三个年代不同人群的集体回忆，将各个年代的经典影视、歌曲打散重组，引起不同年龄阶段对过去的追忆。在设计中将"70后""80后""90后"的文化理念融入整体空间设计中，通过橱窗展示、艺术墙砖雕刻形式在一层、二层、三层的界面设计中得以展示（图5-2～图5-4）。

图5-2　一层入口"70后""80后""90后"的灯箱海报设计

图5-3　二层大厅"70后""80后""90后"文化形象墙设计

图5-4　三层长廊"70后""80后""90后"的灯箱海报设计

5.2.3　零点文化

零点文化传媒有限公司在怀远共拥有三家店，本项目是零点的老店，被称为"老零点"，因此具有对零点文化传播的重要价值。本案在设计之初，对零点的文化进行提炼为："回忆过去、品味现在、畅想未来"。通过一组组旧照片、旧物件来对零点的过去进行解读和展示，通过不同的设计手法对现代人的生活状态进行模拟，同时通过不断变换的灯光设计来展示未来空间的期待感。因此零点的广告宣传语为"无论过去、现在和未来，零点在等你。"

5.2.4　可持续设计

将可持续设计的理念融入其中，考虑再次装修时室内装饰材料的可重复利用，在设计之初，采用模块化设计原则，墙面装饰部分采用工厂加工定制，现场安装，本案的墙面装饰如大厅入口锈板加工、无缝壁画设计等均由蚌埠沙漠文化艺术有限公司制作。

5.3　平面布局与分析

该项目共三层，首层为进出口通道，二层为开敞式大厅，三层为包间布局设计。在整体空间布局中打破传统的酒吧与KTV的空间分割，将休闲文化、酒吧文化与包间文化融为一体，分别在不同的空间进行展示。

5.3.1　首层平面设计分析

零点的入口位于怀远县禹王中路的黄金位置，属于前店后院的形式。首层平面设计主要是进入二层零点大厅的通道设计，具有零点文化展示和进出通道的作用。因此，将通道分为免费休闲区、追忆往昔展示区、时光通道等三个区域，每个区域分别有各自不同的展示功能与特征。首先是免费休闲区，主要是为过路的来往用户提供免费的休闲、等待、聊天等功能。此区域通过时光之门进入到第二个区域——追忆往昔展示区，主要是通过橱窗展示与墙面展示的形式进行。橱窗展示主要是通过与音乐相关的器材如旧收音机、旧录音机、唱片机等进行橱窗展示。在橱窗展示的对面为零点十年发展的历史展示区，以旧照片的形式进行展示。经过追忆往昔区后到达时光隧道展示区，此区域以三组"70后""80后""90后"灯箱展示的形式将主题文化予以诠释（图5-5、图5-6）。

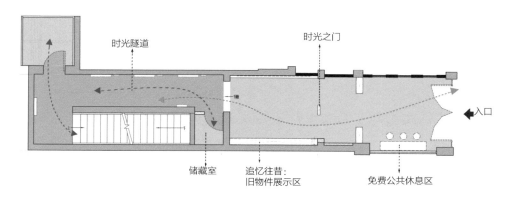

一层平面布置图

主要交通动线 ┄┄┄┄┄➤
次要交通动线 ┄┄┄┄┄➤

图5-5　首层平面分析图

图5-6　首层效果图

5.3.2 二层平面设计分析

二层空间布局主要是以开敞式大厅为主，主要包括零点大厅和畅想大厅。零点大厅包含吧台（接待台）、酒水超市和沙发休闲区三个部分。由于受到旧有的建筑结构影响，零点大厅和畅想大厅中间的墙体为承重墙体，进入畅想大厅的通道只能在原有位置。畅想大厅主要分为舞台表演区、休闲区两个部分，共容纳98位观众。畅想大厅分为卡座区和吧台区。为保证更好的观演效果，中间四排卡座分别以层级台阶的形式进行分布。畅想大厅的理念为"为未来而唱响、为梦想而畅想"，故取名畅想大厅（图5-7）。

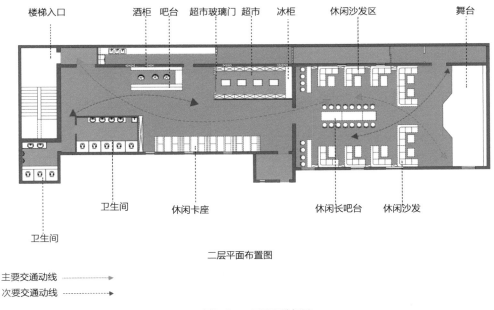

二层平面布置图

主要交通动线 ------->
次要交通动线 ------->

图5-7 二层平面分析图

5.3.3 三层平面设计分析

三层主要为包间设计，为凸显零点不一样的风格主题，将零点的"过去、现在、未来"与人的一生进行贯穿，在中间60m的长廊里，以15组人物剪影的形式对应两侧的包间主题，包间主题分别是"童年、校园、友情、家庭、音乐、面具、海底世界、未来星空"等11种风格。在60m长廊中共有两个休息大厅，入口处为回忆大厅，另一个为未来大厅，回忆大厅以回忆过去为主题，未来大厅以未来星空为主题。通过两个大厅设计将长廊21个包间主题进行串联（图5-8、图5-9）。

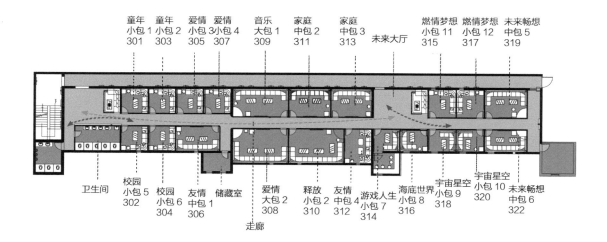

三层平面布置图

主要交通动线 ------------►
次要交通动线 ------------►

图5-8   三层平面分析图

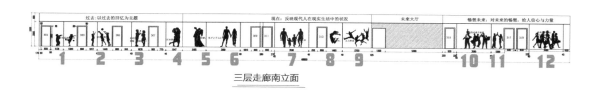

三层走廊南立面

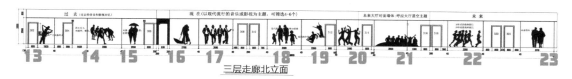

三层走廊北立面

图5-9   三层60m长廊设计分析图

5.4   设计方案解读

5.4.1   首层"零点"文化在空间设计中的解读

零点文化从一层入口处一直延伸到整体空间中,通过界面设计、软装陈设等多种方式与室内空间进行融合。在时光之门的两侧采用金属锈板的形式体现零点对过去文化的回忆,同时时光之门中间为从上到下的锈板展示立面,以发光字体的形式对零点文化进行展现:"从这一刻起,回到零点"(图5-10)。

图5-10　一层入口实景图片

　　采用锈板设计加工，将零点的Logo进行雕刻，在空间布局上起到先抑后扬的作用。一层主要为20世纪七、八十年代的旧录音机、唱片机、收音机等的橱窗展示，以此来凸显零点回忆过去的文化主题（图5-11）。右侧为零点近10年的发展历程，以及三家店的形象展示（图5-12）。

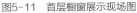

图5-11　首层橱窗展示现场图

图5-12　首层零点历史展示现场图

　　一楼通往二楼的转角平台以自主设计无缝壁画的形式将零点文化和"70后""80后""90后"文化进行展现，以怀旧的主题、元素的重构展现零点文化（图5-13、图5-14）。

图5-13 楼转向平台主题壁画设计

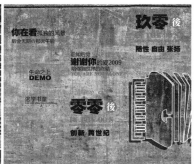

图5-14 二楼转向平台主题壁画设计

5.4.2 二层大厅设计方案解读

1. 零点大厅设计方案

二层零点大厅以零点Logo设计与70、80、90的经典歌曲和歌词为设计元素，在整体界面上进行再次重构设计，将零点的文化主题以做旧的形式进行诠释。分别对"70后""80后""90后"进行关键词解读，以每个年代的经典歌曲为主要设计元素，通过字体设计的大小与凹凸位置的雕刻进行整体设计。零点Logo为篆体，其英文为"Break Point"直译为"打破点"的意思，零点在不断地追求创新过程中是自我打破的创建，也寓意着零点文化的自我创新（图5-15）。零点文化形象墙表面采用做旧处理，上面的文字雕刻采用密度板雕刻，根据图案的设计位置用胶黏剂进行粘贴，之后表面进行做旧处理。整个施工过程需要对字体进行一比一的放样，确保施工后的效果与原设计方案保持一致（图5-16）。

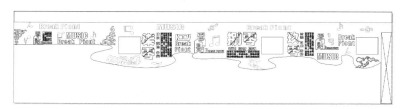

图5-15 零点大厅形象墙设计方案

图5-16 零点大厅形象墙实景图

2. 畅想大厅设计方案

二层畅想大厅以音乐为主体，两侧墙面分别以锈板雕刻的六组乐器、内置灯光片的形式进行展现，左侧为三个古典乐器，右侧为三个现代乐器，将畅想大厅的音乐主体进行展现（图5-17、图5-18）。

图5-17 畅想大厅古典乐器设计

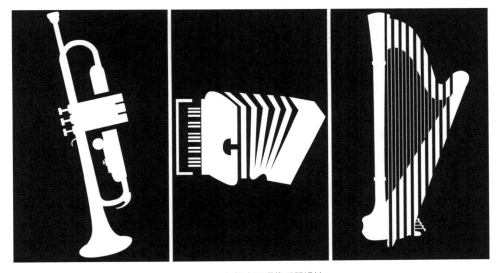

图5-18 畅想大厅现代乐器设计

　　入口墙面背景设计以空啤酒瓶橱窗展示的形式突出酒吧的酒文化氛围，墙面采用6组啤酒瓶展示橱窗的形式，以1200多个白色雪花啤酒瓶进行设计，以定制的弧形金属圈将啤酒瓶进行固定，四周黄色光射灯将光打在玻璃的啤酒瓶上，黄色的光源通过啤酒瓶进行折射，使得每个啤酒瓶橱窗在灯光的照射下金碧辉煌。此处界面设计也是畅想大厅可持续设计的重要表现（图5-19～图5-21）。

图5-19 畅想大厅啤酒瓶墙面设计

图5-20 畅想大厅实景图

图5-21 畅想大厅舞台实景图

5.4.3　三层零点包间设计方案解读

1. 三层大厅设计解读

三层入口回忆大厅设计解读

三层回忆大厅位于三层楼梯入口处，采用过去、现在、未来的形式进行展示，背景墙采用无缝壁画设计，以三组人物剪影的形式进行，人物剪影通过密度板雕刻做旧处理，背面通过灯带缠绕的形象进行展现（图5-22）。

逝去的童年：每个人都拥有自己的童年，那时的我们自由地荡着秋千，童年的快乐通过荡秋千的儿童剪影效果进行展现；

图5-22 三层"回忆大厅"实景图

　　甜美的爱情：恋爱是每个人最美好的时光，肩并肩、面对面的青春在远处风车的怀旧背景中充满甜蜜回忆；

　　儿女双全的责任：都说有一种幸福叫"儿女双全"，为人父、为人母的喜悦与责任也让青年一代的我们逐渐变得更加成熟与稳重。

三层未来大厅设计解读

　　未来大厅是过去大厅的延续，体现的是零点对未来的追求与向往。以宇宙与科技为关键词，在未来大厅设计中，采用彩砂手工绘制的星球，星球悬挂在未来大厅的顶部，里面有一束灯光从上面射出，仿佛一束来自星空的天外之光射向地面，也射向人们的内心深处。四周以星空的无缝3D壁画为背景，采用玻璃钢月亮沙发、苹果椅等科技灰家具，使未来大厅具有了科技感和时代感（图5-23）。

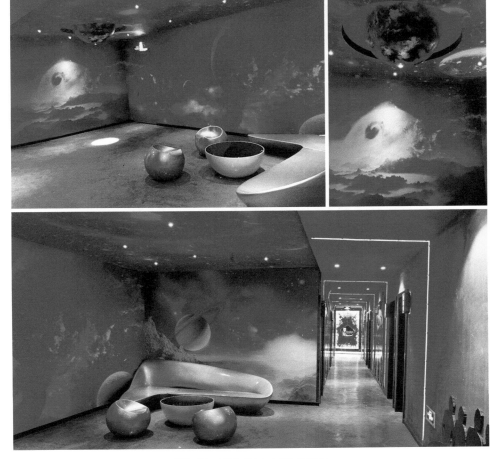

图5-23 三层"过去大厅"实景图

2. 三层包间与长廊设计解读

三层包间设计分别以不同的主题形式赋予不同的设计元素，仍然以过去、现在、未来为贯穿。电视背景墙采用艺术瓷砖雕刻的形式，将各自的主题进行不同的雕刻图案设计。将校园、青春、童年、面具等不同元素进行主题提炼，对包间的整体风格进行了主题定位。同时，四周墙面采用无缝壁画再次设计的形式，呼应每个包间的主题风格（图5-24~图5-27）。

图5-24 三层"校园"包间电视背景墙设计　图5-25 三层"童年"包间电视背景墙设计　图5-26 三层"爱情"包间电视背景墙设计　图5-27 三层"释放"面具包间电视背景墙设计

三层包间共三个大包，分别以爱情、面具、音乐为主题，每个包间进行了不同的主题元素设计，顶面以主体灯膜的形式诠释各自包间的主体（图5-28）。"释放"大包以不同的面具为主题，意味着人们在此放下各种"伪装"的面具，尽情释放自己（图5-29）。

图5-28 三层"爱情"包间灯膜及墙面背景设计　　　图5-29 三层"释放"包间灯膜及墙面背景设计

如图5-30~图5-35所示为三层不同包间的实景图。

图5-30　三层"童年"包间实景图

图5-31　三层"校园爱情"包间实景图

图5-32　三层"爱情"大包实景图

图5-33　三层"音乐"大包实景图　　　　　　　图5-34　三层"未来"包间实景图

图5-35　三层"未来"包间实景图

　　在三层60m长廊设计中，以时光隧道的形式分别对过去、现在、未来进行贯穿，以黄色光、白色光和蓝色光来代表三个时空。走廊两侧的人物剪影与各自的包间相对应，将人的一生在长廊中进行展现（图5-36）。

图5-36　三层"走廊"实景图

5.4.4　零点平面设计解读

　　在本项目设计中，将零点的视觉系统进行了统一整理，包括Logo、VIP贵宾卡、宣传单、酒水单设计等（图5-37、图5-38）。

图5-37　零点VIP贵宾卡设计

图5-38　零点三折页宣传单设计

第6章
案例解读四：上海天雅村轻餐饮空间设计

设 计 师：孙娜蒙
　　　　　谭　晨（2016年毕业于安徽财经大学环境设计专业）
建筑面积：501m²
项目日期：2018.7.01 ~ 2018.7.30
项目地址：上海徐汇区百色路238弄1-9号

6.1　项目背景分析

　　上海天雅村大酒店是由上海天雅村盈颖餐饮管理有限公司经营管理的一家集餐饮、住宿、娱乐为一体的经济型酒店，坐落于上海徐家汇区，共有客房56间，酒店荣获上海市旅游事业管理委员会规范达标单位和上海餐饮行业协会优秀餐饮品牌企业。天雅村大酒店徐汇店已于2018年拆除，本项目位于百色路238弄1-9号，在旧店附近（图6-1）。

图6-1　旧址图片

　　服务定位：中端消费人群，人均消费在130元/位左右。以团餐、婚宴、散客接待为主。

　　菜品定位：以上海本帮菜系为主打，在此基础上进行大众菜品创新。

　　原有设计风格：以欧式风格为主，色调为暖色系。项目现场照片如图6-2所示：整体房间举架偏低，不适宜吊顶，故做木铝格栅处理。

图6-2　现场图片

6.2　设计构思——海派文化与精致轻餐

　　设计构思：天雅村属于土生土长的上海本地企业，在其发展过程中一直将海派文化视为自身餐饮的重要特色。在本案设计构思中，主要是考虑如何将海派文化、本帮菜的饮食文化以及天雅村自身的发展特色更好地融入整体空间设计中（图6-3）。

　　设计定位：将海派文化与现代时尚融为一体，将精致轻餐饮文化融入整体设计中（图6-4）。

　　设计关键词：简约、雅致、时尚（图6-5）。

海派文化

海派文化既有江南文化（吴越文化）的古典与雅致，又有国际大都市的现代与时尚

本帮菜饮食文化

是江南吴越特色饮食文化的一个重要流派，常用的烹调方法以红烧、煨、糖为主

天雅村历史文化

天雅村已有十几年历史，在上海拥有十几家连锁店。将天雅村历史融入整体设计中

图6-3　设计构思分析

 +  +

中西合璧，海纳百川。将海派风格融入现代 loft，追求简约、雅致、高品位

图6-4　设计理念分析

简约　　雅致　　时尚

将海派风格融入 loft 风格，中西合璧，兼收并蓄。在简单中呈现高品位

从"天雅村"中提炼"雅"字进行语意延伸，将"淡雅、别致"作为核心关键词

海派风格一直紧随时尚，在本项目中，时尚是对本帮菜文化的未来解读

图6-5　设计关键词分析

6.3　平面布局分析

本项目总面积为501m²，台位数共154个，其中包括6个包间共56位，大厅共98位。平面布局主要分为前台接待区、中间大厅散座区、右侧包间私密区等。厨房区域设置在餐厅左上角，天雅村的菜品主要为上海本帮菜，以海鲜类活鱼为主要特色（图6-6）。

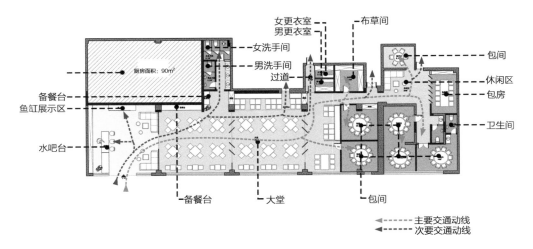

图6-6　平面设计图分析

吧台平面分析： 吧台区域面积为43m²，吧台区域的功能主要为接待、收银、休息等待等功能，将植物装饰设置在吧台区域右上角，紧靠鱼缸位置，对整个空间起到装饰绿化等作用。左侧吧台主要是收银和休息等待功能，由于移动支付的发展，现吧台收银的能力逐渐开始弱化，等待与休息的功能在吧台区域变得越来越重要。吧台区域的休息功能与右下角的沙发休闲区形成呼应，为前来就餐的用户提供共享的公共空间。

大厅平面分析： 大厅面积为180m²，包括2人台6个，4人台15个，6人台3个，共容纳90人。整个大厅采用开敞式的布局，主要是为了满足朋友聚会、婚宴等需求，中间采用两扇可移动的玻璃隔断，保证不同区域就餐人群的私密性。

包间平面分析： 包间共有6个，其中3个大型包间，由于包间属于私密性较强的就餐区域，故在平面中将其放置在右下角，远离大厅。另外在步入右侧底端的包间时，由于中间过道为实体墙，没有窗户，在中间拐角处设置休息座椅，主要是为了满足大厅和包间的客人休息、聊天、打电话使用。

6.4   设计方案分析与解读

6.4.1   设计重点

上海文化与本帮菜饮食文化的融入，主要在墙面界面设计中体现该设计文化理念，赋予天雅村高品位、高情感（图6-7）。

文化理念是整个餐厅设计的灵魂，在本案中，主要在以上5处界面设计中体现该文化理念，赋予天雅村以高品位、高情感

1~3 墙面海派文化展示区：重点在吧台墙体，大厅两个卡座墙面体现将本土文化与餐饮文化融合在墙面设计中

4~5 天雅村文化历史展示柱：大厅的柱子将作为天雅村的发展历史及其文化的展示，以抽象图案和文字的形式进行展示

图6-7   设计重点分析

6.4.2   设计分析图

在整体空间设计中，如何将天雅村的品牌设计定位在室内各个界面中进行展示，从外在视觉到内部软装保持风格的统一是设计的重点内容。搜集相关的意向图片与资料将本案的设计理念进行合理展示是设计的关键，在意向参考图片的基础上将设计理念进行创新通常是设计的基本方法。在空间设计的前期分析图中，主要包括整体空间的参考意向图、局部空间、局部界面设计的参考意向图、灯具、软装搭配等参考意向图。实际上，对于一般的设计师而言，创新是基于大量的设计实践基础上，通过搜集大量的参考图片而实现的。

在本案设计中，首先是入口吧台墙面采用中西合璧的凹龛式，以新古典装饰与现代简约风格相融合；其次是吧台休息区与大厅之间的隔断采用镂空的垂直隔断，使两个空间实现视觉上的通透性和空间上的私密性。大厅为轻质简约风格，以木饰面为主要装饰，体现天雅村的简约时尚。前期设计分析如图6-8所示。

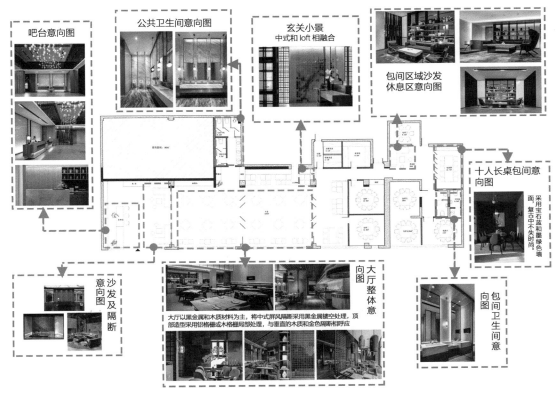

图6-8　前期设计分析图

6.4.3　SU模型分析图

在前期意向参考图片的基础上，进行SU（Scketch Up）模型的深入设计。SU比3Dmax更为方便快捷，能够在短时间内对整体空间的场景进行展示设计，便于设计师在方案阶段对空间的各个界面进行推敲，能够快速将概念设计在整体空间中进行展示。并且SU有场景漫游功能，能够更加真实地再现空间的各个角度，便于设计师后期对方案进行修改、完善。以下为吧台区域、大厅区域的SU场景图（图6-9）。

图6-9　天雅村SU设计草图展示

6.4.4　设计方案深化设计

设计方案深化阶段是在SU场景模型结束后，将各个界面进行软装搭配深化设计。此阶段一般是主案设计师将SU场景模型与软装搭配方案进行整合，将完整的方案交给效果图设计师，效果图设计师将SU场景模型调入3D模型中，根据主案设计师的设计要求，对模型进行深化设计，并进行材质、灯光的渲染，最终渲染出图。一般渲染出图的小样需要设计师进行更加详细的深入设计与后期调整，在与甲方反复确认细节后，进行最终图纸的渲染。

以下为包间SU场景模型的设计方案深化图（图6-10、图6-11）。

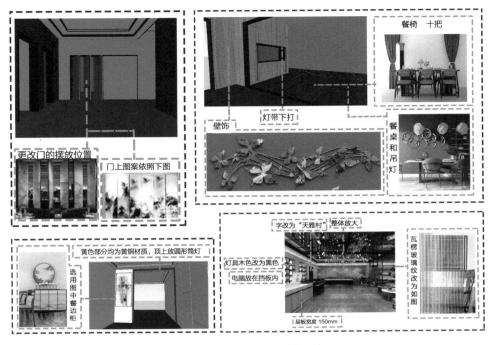

图6-10　天雅村休息区深化方案设计

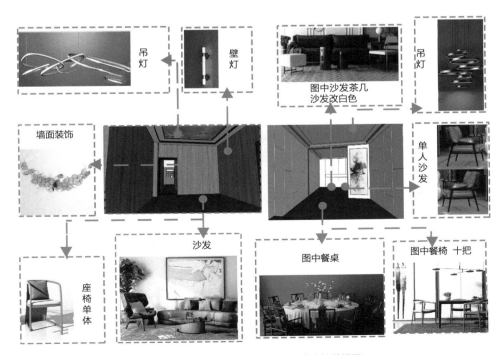

图6-11　天雅村休息区及包间深化方案软装搭配

6.5　最终方案解读

6.5.1　吧台设计方案解读

吧台设计采用玻璃顶面，主要是为了加大空间视觉上的高度，在鱼缸右侧转角处采用绿植景观，与沙发休息区形成呼应，在鱼缸左侧采用黑色亚光长条马赛克，并对天雅村的文化进行梳理，以墙面形象展示的形式进行展现（图6-12）。

图6-12　吧台效果图方案一

第二种入口吧台处的方案是顶面由之前的玻璃顶改为长条木铝格栅吊顶，主要是为了考虑造价，木铝格栅相对于玻璃吊顶造价要低得多，并且施工方便。同时由于该餐厅在施工前，其消防喷淋系统等都已安装完毕，故木铝格栅吊顶不影响整体的消防管道（图6-13）。

图6-13　吧台效果图方案二

6.5.2　大厅设计方案解读

大厅吊顶主要采用宽度70mm、间距100mm的长条木铝格栅，中间采用黑色金属钢结构进行顶面造型分割，采用横竖交错的形式进行木铝格栅排列，顶部中间黑色金属钢结构主要是对四周的木铝格栅进行收边处理。大厅厨房一侧的卡座区顶部为通风管道及横梁，此区域是整个大厅空间中举架最低的地方，只有2.7m。卡座区地面上升120mm作为地台，为增大此区域的空间感，顶面采用镜面玻璃吊顶（图6-14）。洗手间紧邻厨房，将湿操作区集中布局。卫生间墙面采用灰色大理石，台下盆设计，便于后期打扫卫生，洗手间整体简约时尚，以黑白灰为主（图6-15）。

图6-14　大厅效果图最终方案

图6-15　卫生间效果图最终方案

6.5.3　休息区与包间设计方案解读

在进入包间区域需要经过面积约20m²的休闲区，此处是大厅区域与包间区域的过渡空间。主要是为前来就餐的客人提供休息、接听电话、聊天等功能，整个墙面采用木饰面，主要通过软装搭配呈现整体的空间效果。在休闲区对面为长方形的包间设计，采用对折式的屏风式门窗设计，内部空间为墨绿色整体色调，与休闲区胡桃木木饰面形成鲜明的对比（图6-16）。

包间设计主要采用暖色调，墙面采用胡桃木色木饰面，与大厅的墙面材质保持一致。在大包的设计中，四周墙面采用白色的木质护墙板形式，入口采用金色与木质材料的书架，通过陈设品、植物等软装搭配体现整体包间轻餐饮的空间氛围（图6-17）。

图6-16　休闲区效果图最终方案

图6-17　大包效果图最终方案

第三篇

酒店、公寓
空间设计
案例解读

第7章
论智慧酒店的设计策略

　　酒店设计是融合酒店大堂、客房、餐厅、办公空间、健身空间等为一体的综合性功能场所，酒店概念设计与规划必须严格按照相关的法律法规，充分体现酒店的定位理念，将酒店的品牌定位与周边环境有机融合。随着物联网、大数据等信息技术的快速发展，智慧旅游、智慧校园、智慧城市等成为我国智慧化社会建设的重要模式。智慧酒店设计是传统酒店转型升级的必然趋势，是利用现代信息技术实现酒店个性化与定制化、地域与文化特色融合发展的必由之路。

　　根据文献统计结果表明，智慧酒店研究的知识群体可总结为六大主题：以酒店、客房、功能为代表的酒店基础性建设方向的研究主题；以大数据、智慧服务、移动终端为代表的产品分析与设计、数据分析、价格策略等传统酒店业向智能化转型升级方向的研究主题；以酒店管理、智慧城市为代表的酒店管理方法与模式转变方向的研究主题；以云计算、物联网、人工智能为代表的酒店智能控制方向的研究主题；以云平台、互联网+为代表的酒店营销模式方向的研究主题；以用户体验、管理系统为代表的酒店管理系统平台构建技术方向的研究主题。[3]实际上，从设计策略角度对智慧酒店进行全方位的研究与探讨存在一定的缺位现象。

7.1　智慧酒店的概念

　　智慧酒店是一个全新的概念，目前在国内学界、业界尚无标准一致的定义。从内涵上看，智慧酒店是指酒店拥有一套完善的智能化体系，通过数字化与网络化，实现酒店管理和服务的信息化；是基于满足住客的个性化需求、提高酒店管理和服务的品质、效能和满意度，将信息通信技术与酒店管理相融合的高端设计；是实现酒店资源与社会资源共享与有效利用的管理变革，因此是信息技术经过整理后在酒店管理中的应用创新和集成创新。[4]

　　智慧酒店区别于一般信息系统或工程的核心技术为云计算、物联网、移动通信技术和人工智能，正是这四大技术的整合、集成后的应用，使智慧酒店成为可能。[5]因此，智慧酒店具有几大优势：降低运营成本、降低能耗、提升效率、提升入住转化率、可实现酒店的智能改造与升级服务、智慧化的管理方式为用户提供个性化的入住体验等（图7-1）。

图7-1　智慧酒店的五大优势

7.2　智慧酒店的现状与需求

7.2.1　酒店个性化发展的现实需求

随着中产阶级的快速发展，大众旅游、商务旅游已成为国民经济持续发展的重要推动力，由此带来的用户需求越来越多样化和个性化，如何满足海量用户个性化需求，提升入住体验，成为各酒店管理公司面临的新课题。传统的酒店模式与设计思维难以面对日新月异的个性化需求，以大数据、人工智能、物联网等最新的科技手段，将出行目的地的吃、住、行、游、购、娱乐与商务等各类信息进行整合，通过智能化设施，从吸客、预定、登记、开门、入住、服务、退房等方面，营造人本化环境，这是满足个性化入驻的现实需求。

7.2.2　旅游产业与酒店衍生品开发的现实需求

随着旅游产业的蓬勃发展，酒店成为一个为住客提供旅游和城市公共产品、服务的主要渠道和平台，已成为旅游产业的三大支柱之一。酒店智慧平台建设正处于探索期，包含城市文化、旅游、交通、医疗、政府部门等多个子系统，成为智慧城市的重要组成部分，住户通过移动客户端，可以方便获取相关旅游产业及公共服务信息，为用户的出行、旅居提供更加便利、高效的信息。同时，智慧酒店也是酒店充分展示自我形象和提供酒店衍生品以及当地特色文旅产品的平台，这已成为旅游产品与酒店衍生品开发的现实需求。

7.2.3　酒店产品升级换代的现实需求

国务院将旅游产业定位为"国民经济的战略性支柱产业和人民群众更加满意的服务业"，加快了全国酒店业和信息产业融合发展的进程。智慧酒店的建设将全面而又系统地提升管理和服务水平，从根本上颠覆传统酒店业的运营管理模式和商业盈利模式。[4]如何提升酒店业的产业素质已成为我国酒店和酒店管理工作的重中之重，加速产品的升级换代进程已成为建设智慧酒店的现实需求。

7.3　智慧酒店的设计策略

7.3.1　智慧酒店地域性文化的可视化设计策略

1. 酒店品牌文化的可视化设计

可视化设计方法以电脑图形学、图像处理等领域为理论依托，是应用研究数据、发掘不足并进行处理的综合性技术。[5]在酒店空间环境设计中，体现其酒店独特的品牌文化与专属性设计成为地域文化特色与地域特征的集中体现。随着互联网、大数据、物联网的快速发展，传统静态的地域文化的空间展示与视觉展示难以满足现代酒店的发展与需求。在智慧酒店设计中，以数字化方式展示酒店形象与文化特色，通过手机客户端、酒店大堂过道及主要通道，应用LED显示屏展示地域文化特色、酒店经营理念、服务理念等。此外，在软装设计中，将酒店品牌文化融入其中，开发大量的原创酒店软装设计产品，与可视化信息技术相融合，创造独特的入住体验与空间体验。

2. 地域文化的可视化设计

地域文化元素的应用与凸显已成为酒店设计展现地方特色的必由之路，酒店设计通过大量的人文元素的抽象化解构处理，才能在空间界面设计、视觉外观中建立独属于自身特色的酒店风格。第一是酒店专属元素的构建，从当地的文化特色、历史名人中寻找相关性，并建立自身的品牌文化定位，通过传统元素的设计与抽离在空间界面中建立统一的视觉印象，并通过动态的可视化设计手段进行地域文化的展现；第二是历史文化名人的可视化设计与传播，将当地的历史文化名人与酒店设计理念进行关联设计，以VR虚拟现实技术进行历史文化名人的全新解读，让用户在自娱自乐中体验当地的文化特色。

7.3.2　智慧酒店的可持续设计策略

1. 智慧酒店物理空间环境的可持续设计

空间物理环境主要包括声环境、光环境、热环境、空气湿环境等。室内物理空间环境的设计成为衡量酒店品质以及星级标准的重要依据。物理环境设计的优良与否决定了酒店后期的运行能量，是智慧酒店设计中必须遵循的设计策略。首先是室内声环境设计，良好的声环境为用户提供了安静的睡眠；其次是运用信息技术手段实现智能灯光、环境氛围的自动切换；最后是利用太阳能光伏发电系统、风能等洁净能源技术实现室内冷热环境舒适度的智能化调节。智慧酒店的物理空间环境通过互联网与大数据技术对室内空间的声、光、热等环境进行智能化调节，前期成本投入会高于传统酒店，但从长期的运行成本来计算，是完全可以收回前期高投入成本，最重要的智慧酒店的物理空间环境的可持续设计大大降低了其对周围环境的污染与破坏。

2. 智慧酒店品牌改造升级的可持续设计

随着物质生活水平的提高，中国新中产的人数已达2亿，新中产多以"80后""90后"为主，大都受过良好的教育，对酒店高情感及高品质有自己独到的见解。新中产的崛起使得现代酒店品牌的改造升级越来越快。三年一小改、五年一大改已成为酒店行业品牌改造升级的基本要求。因此，智慧酒店设计在设计之初需充分考虑2～3年后的软装家具及空间界面的局部改造与升级，以最低的成本、最快的施工效率完成该项目的转型升级。智慧酒店的可持续更新主要包含两方面内容：一是空间界面及软装陈设的更新改造，可以利用局部床头或电视墙背景装饰的统一设计与升级，此外，也可用不同质感、不同纹理的装饰贴膜实现家具表面的重新装饰，即通过表面、界面的重新改造实现室内空间风格的焕然一新；二是信息化智能技术的升级改造，主要包括硬件设施及软件系统的改造升级，更多地满足用户需求及酒店管理的综合需要。

7.3.3　智慧酒店的信息化、智能化设计策略

1. 智慧客房设计

　　智慧客房的建设是智慧酒店的立足点。而智慧客房的建设，主要围绕照明电器控制、能源控制、互助娱乐、酒店电子商务和可视对讲等五个方面来进行。[6] 智慧客房通过智慧客房控制系统实现客房与用户的智能化交互，带给用户不一样的入住体验。

　　智慧客房控制系统采用云服务总体架构的形式，通过物联网技术将客房中所有的电器、门锁、窗帘等设备全部集中在一个数据网络上实现控制，该系统可直接和酒店PMS（设备管理体系）管理系统对接，通过PMS系统可以监控和控制房间的所有智能设备。智慧酒店客房管控系统主要包括主控器、床头触控面板、空调触控面板、门铃触控面板、人体红外感应器、智能灯光驱动器、智能门锁、智能窗帘和强电控制器等。每个客房的智能控制系统通过手机客户端可实现远程控制，比如远程打开或关闭门锁、打开或关闭窗帘、打开或关闭空调等。[7] 同时，智能客房控制系统能够自动实现智能切换，比如当客户进入房间，会自动进入"迎宾模式"，灯光、空调、窗帘、背景音乐等自动开启；当客户离开时，自动切断电源、关闭空调、窗帘等切换到"复位模式"；当客户在房间内操作客房管理系统或触屏时，红外线感知人体温度自动切换到"客户模式"；当红外线感应器感知30分钟（此时间可以根据酒店的需求进行不同设置）后无人活动时，自动切换到"节能模式"。

　　无人智慧客房系统是取消服务登记，完全以手机自助形式实现自助入住流程。自助入住流程包括采用身份证取代房卡，酒店微信自助平台取代人工前台，用户通过手机微信号或线上完成登记、选房、入住等流程，到店后通过人脸识别身份核验成功后，宾客即通过微信、身份证或刷脸开锁进房。如需续房、退房直接线上自助办理，退房时不验房。入住流程如图7-2所示。

图7-2　无人智慧酒店入住流程图

2. 智慧酒店品牌可视化设计系统

智慧酒店设计打破了传统酒店单一的住宿、就餐等常规化设计，将融合酒店品牌文化、地域文化、地域特色等，通过智慧酒店品牌设计系统平台将住宿、文化、旅游、文创产品展示与售卖等融为一体，将用户的入住体验与酒店的品牌文化展示进行自动匹配，以智慧酒店品牌文化为核心建立相应数据库，在入住、旅游、商务、购物等方面建立综合性服务平台，主要包含以下几方面内容建设：

第一是智慧酒店设计品牌文化可视化展示系统。智慧酒店首先是立足于高科技，新体验，以智能化、人性化、个性化为基本宗旨，通过互联网、物联网、大数据、云计算等高新技术应用在酒店客房、餐厅、大堂等空间中，优化入住流程，提高用户体验。智慧酒店首先将自身VI系统在酒店大堂、餐厅、客房等整体空间中进行全方位展示与融入，从建筑外立面、店招、室内空间专属元素、专属色彩等入手，体现智慧空间的品牌理念与文化。同时，智慧酒店手机客户端的UI界面设计与空间设计及品牌文化融为一体，酒店品牌故事、酒店元素展示、酒店文化展示等以动态的可视化图形在手机界面、酒店空间触屏界面得以展示，并通过手机客户端实现人机交互的可视化。

第二是智慧酒店衍生品售卖电子商务可视化系统。智慧酒店的品牌可视化设计系统是基于酒店专属文化品牌的酒店衍生品设计，这主要包括酒店文化的创意产品设计、创意布草设计、当地特色文创产品设计等。将酒店文化、酒店布草的衍生品进行创意设计，通过可视化展示系统，用户可进行浏览，在酒店进行用户体验，也可选择自己喜欢的文创产品线上支付，快递到家。通过售卖电子商务可视化系统对智慧酒店的专属品牌文化进行传播、酒店衍生品开发、销售等。颠覆了传统酒店单一的室内空间设计、视觉传达设计等，实现了跨专业、跨学科的融合，将经济、文化、商务、旅游、住宿等实现无缝对接。

7.4　本章小结

智慧酒店设计实际上是一个庞大的综合体项目，是建筑设计、室内环境设计、视觉传达设计、产品创意设计、信息工程等专业的跨界与融合，是大数据、云计算、物联网等信息技术发展下的必然选择。在中国，智慧酒店才悄然开始，未来之路紧迫而充满挑战。

第8章
案例解读五：兰州鼎立大酒店设计

设 计 师：孙娜蒙
施 工 图：孙凯（安徽财经大学 2011 级环境设计学生）
总 面 积：10850m² （共 12 层）
日　　期：2017.1.1 ～ 2017.6.25
地　　址：甘肃省兰州市永登县人民公园南侧

8.1　当地酒店现状调查与分析

8.1.1　爱萍大酒店现状分析

　　酒店项目在建设初期，需要对当地的酒店现状进行调查，并根据当地的消费群体与潜在市场确定酒店的设计定位至关重要。当地大大小小的酒店与宾馆有几十家，其中最好的酒店是爱萍大酒店（图8-1），也是价格最贵的酒店，客房价格在290～900元左右。目标群为地方中高端人群，不以网络市场为营销，客户群以团体接待和企事业单位为主体，入住率达90%以上。经笔者入驻体验后具有以下优点：

图8-1　当地酒店实景图片

- 客房设施完备，舒适度较高，基本可达到3星级别。
- 会议室有大中小三种，可容纳60～200人举行会议。
- 房间隔音效果较好；客房卫生间干湿分离。

爱萍大酒店人群定位与桔子、亚朵、希岸、全季等连锁酒店一致，不同的是爱萍客户群为本地中高端人群，为地方型酒店，因此在设计和服务过程中更注重地方客户人群的品位，其不足之处：

- 设计方面：设计理念不足且并未成系统，视觉导视系统模糊；大堂设计较为空洞，休息区不够人性化等；设计并未突出地域特色。
- 服务：服务理念和服务过程一般。
- 会议室几乎没有设计，会议桌椅简陋，用红白布包裹。
- 客房设计以红樱桃木为主，颜色以暗红色为主，与桔子、亚朵等中端酒店以亮暖色为主的色调迥异。

8.1.2　永登中高端酒店与全国中高端酒店对比分析

设计理念：亚朵、希岸、桔子等都有自己独特的人文设计理念，通过设计准确定位不同人群。永登中高端酒店只是以当地商旅客户为主，未形成自己独特的设计人文理念。

设计风格：由于全国连锁中高端酒店有自己独特的设计理念，自然也形成了自己独特的设计风格，如桔子的清新与时尚、希岸的优雅和淡定、亚朵的人文与温馨等。永登酒店相对则更中规中矩，无明显风格特征。

品牌策略：全国连锁中高端酒店有自己系统的品牌营销策略，永登酒店几乎没有连锁经营酒店，以地方性个体经营为主。

服务理念：全国连锁酒店经过酒店集团系统培训，服务意识更强，服务也更周到，永登酒店服务理念相对差一个层级。

8.2　酒店项目背景分析

8.2.1　地理环境分析

该项目位于甘肃省兰州市永登县，位于甘肃中部，东邻甘肃省皋兰县和景泰县，西靠青海省民和县，南接兰州市的红古区和西固区，北连天祝藏族自治县。属于大陆性气候，其地貌特征可概括为"两河夹三山"，形成黄土丘

地貌特征	气候特征
地形特征可概括为"两河夹三山"形成黄土丘陵区和秦王川盆地。地貌上表现为石质山地与黄土丘陵交错分布。	大陆性气候，年平均气温为 5.9℃，冬季寒冷，夏季凉爽。

图8-2　地理环境分析

陵和秦王川盆地，丹霞地貌成为当地独特的地理景观（图8-2）。

8.2.2　人文环境分析

通过对该项目的人文景观进行资料收集与考察分析，将当地的文化梳理为以下三点：第一是古代丝绸之路的必经之地，即门户作用；第二，永登是马家窑文化的发祥地之一；第三，永登县也是木偶、皮影表演艺术之乡（图8-3）。

图8-3　人文景观分析

通过对永登酒店项目背景的地理位置和人文景观分析，将丝绸之路地域特色融入整体设计方案中，以丝绸之路的文化背景和丹霞地貌自然景观为切入点，用现代简约的设计元素进行解构，在时尚、舒适的酒店环境中营造浓郁的地域特色。

8.3　设计理念与分析

1. 设计理念分析

将永登作为古代丝绸之路的门户与现代甘肃交通枢纽进行对比，以古喻今，将丝绸之路的坚韧与从一而终的精神进行有效激发，通过相关设计元素的解构与重组，在酒店空间中进行呈现。并以此作为本品牌酒店的精神特质（图8-4）。

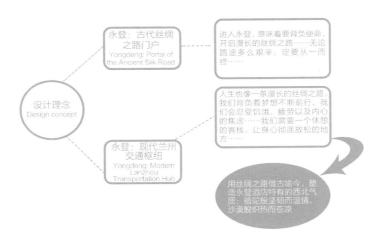

图8-4　设计理念分析

2. 设计色彩分析

根据酒店项目所在的区位特征，将丝绸之路与沙漠、骆驼等相关联的景观元素进行色彩提炼，以驼色系为主色调，并在此基础上进行色彩的延伸与渐变（图8-5）。

3. 设计元素分析

设计元素是在设计理念的基础之上的元素创新，也是酒店品牌识别性的重要表现手段。丹霞地貌为当地独特的地质景观，永登素有玫瑰之乡的盛誉，玫瑰饼、玫瑰酱、玫瑰精油是当地的特色产品。在本案设计中，将玫瑰、丹霞地貌、骆驼作为酒店的基本元素，并在此基础上进行元素创新（图8-6）。

设计色彩：从"沙漠"和"骆驼"中提取颜色作为整个设计的基调

Design color: from "desert" and "camel" Extracting color as the keynote of the whole design

图8-5　设计色彩分析

设计元素：从丝绸之路中截取"沙漠"和"骆驼"与当地的玫瑰、丹霞地貌为创作元素

Design elements: intercepting "desert" and "camel" from the Silk Road with local rose and Danxia landforms as creative elements

图8-6　设计元素分析

4. 酒店定位如下

功能定位：以中高端商旅用户为主要客源，提供餐饮、住宿、会议等多功能服务。

风格定位：以现代简约风格融入西北地域特色，以丝绸之路为设计源泉打造舒适、健康、极富人文特色的轻商旅酒店。

客房价格：220～280元/间，根据当地消费水平与酒店调查确定本案单间客房价格。

8.4　酒店外观设计解读

酒店共12层，不含地下室，地下室为设备间。总面积约为10850m²，其中一层为酒店大堂，二层为餐厅厨房配送间，三至五层为餐厅，六至十一层为客房，十二层为会议室和董事长办公室。

在漫长的丝绸之路中，永登一直处于丝绸之路的门户位置，即永登是丝绸之路的起点和门户，从这里出发意味着开始开启艰难的丝绸之行。基于这一文化缘由，将丝绸之路的门户作为整个酒店的外观设计，酒店入口大门远远高于原有的两层，直接上升到整个公共区的四层，并且整个比例符合黄金分割比，从而获得最佳的视觉美感。中间的图案采用节节攀升的植物造型，寓意丝绸之路的满载而归（图8-7）。

图8-7　酒店外观设计效果图

8.5　酒店大堂平面分析与方案解读

8.5.1　一层酒店大堂平面分析

　　一层酒店大堂功能包括：接待台、休息区、消控室、办公室、超市、洗手间、电梯间、储藏室、行李间等。进门右侧为接待台，接待台紧邻电梯间，方便用户办理相关的入驻与离店手续。电梯间后侧分别设置小型超市，为用户提供基本的生活便利。正对接待台对面为沙发休息区。以"S"形的曲线为基本造型元素，寓意丝绸之路的漫长与艰难。"S"形地面休息区与顶面"S"形的玫瑰水晶吊灯相呼应，正对入口为当地特色的"丹霞地貌"自然景观，与接待台右侧的丝绸之路背景墙遥相呼应，将地质景观与人文景观在酒店空间中得以融合（图8-8）。

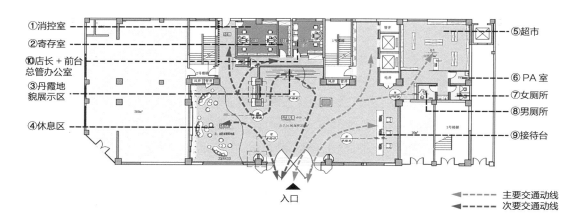

图8-8　一层酒店平面分析图

8.5.2　一层酒店大堂设计方案解读

　　酒店大堂整体色调以驼色为主，接待台背景墙以凹凸雕刻的活字印刷术将丝绸之路的背景效果进行展示（图8-9、图8-10）。

　　电梯间设计将以橱窗展示的形式将当地的彩陶文化、皮影艺术等进行展示，以此体现当地的人文特色。入口对面为当地极富特色的丹霞地貌自然景观，通过彩陶定制的形式进行表现，背景采用当地灰色的流水石，有细细的流水从上缓缓流出，将山和水在此进行生动展现（图8-11）。

　　酒店大堂正对面是丹霞地貌的景观区，将当地充满地域特色的地质景观以景观小品的形式予以展现（图8-12）。酒店大堂的柱子采用铝板穿孔，表

图8-9　一层酒店大堂效果图

图8-10　一层酒店大堂休息区效果图

图8-11　电梯间效果图

图8-12　酒店大堂正对面效果图

面镂空星型图案，以丝绸之路曲折的造型表达坚韧的丝路精神。在休息区对面茶水台的设计中，两侧星形的柱子与中间垂直的格栅造型使得整体空间充满灵动与变化（图8-13、图8-14）。

图8-13　休息区对面玄关设计　　　　　　　　图8-14　酒店大堂后门过道设计

8.6　六至十一层酒店客房平面分析与方案解读

8.6.1　六至十一层酒店客房平面分析

　　六至十一层为酒店客房设计，总计94间。其中标准间49间，占比53%；大床房38间，占比40%；家庭套房2间，占比2%；普通套房2间，占比2%；豪华套房2间，占比2%；无障碍房间1间，占比1%。

　　如表8-1所示为全国部分酒店客房装修成本参考表。中高端酒店如全季、亚朵、格林东方等单间客房造价位约为12万左右。

全国部分酒店客房装修成本参考　　　　　　　　表8-1

序号	酒店名称	酒店类型	客房数量	面积（m²）	装修单价（万）	房间单价（一线城市）
1	格林豪泰快捷酒店	经济型	1	22	7.5	130 ~ 330
2	格林东方	中端	1	30左右	12 ~ 13	300 ~ 600
3	希岸酒店	中端	1	25 ~ 30	9 ~ 10	368 ~ 650
4	雅乐轩	中高端	1	30 ~ 35	15	587 ~ 990
5	全季酒店	中高端	1	30	12 ~ 13	380 ~ 650
6	桔子水晶酒店	中高端	1	30	20	500 ~ 900
7	智选假日	中高端	1	30	16 ~ 17	500 ~ 800
8	亚朵酒店	中高端	1	30	14 ~ 15	450 ~ 700
9	亚朵轻居酒店	中端	1	25	13 ~ 14	390 ~ 680

本项目酒店定位为中高端客户群体，单间客房的造价为10～12万左右，相当于华住旗下的全季酒店品牌。客房设计延续酒店大堂丝绸之路的文化特质，以驼色为主色调，并将永登地区的皮影艺术、玫瑰花等植物景观融入整体方案中，为用户提供舒适、静雅、时尚的入住环境。

六至十一层总体平面图如图8-15所示。在客房设计中，共分为标准间、大床房、家庭套房、豪华套房、女性客房5种。

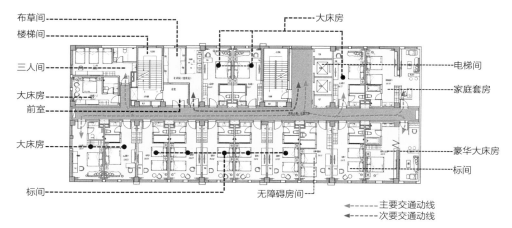

图8-15 六至十一层酒店客房平面方案

8.6.2 家庭套房设计解读

家庭套房入口为彩色玄关，书房与客厅位于房间的右侧，中间以吧台进行空间分隔。客厅与卧室电视背景墙采用整体式，左侧为1.5m、1.8m宽的双床房。采用干湿分离的卫生间，内置浴缸与淋浴（图8-16）。将北欧风格与当

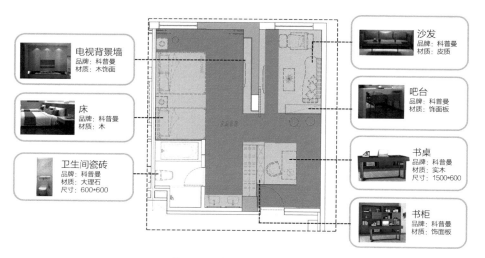

图8-16 家庭套房平面方案

地的人文元素相结合，以暖色调为主，书房、吧台、会客厅等功能齐全，效果图如图8-17所示。

图8-17　家庭套房效果图

8.6.3 标间与大床房设计解读

标间与大床房的平面布局，除床的数量有变化外，最主要的区别是书桌的放置位置有所不同。在客房设计中，采用干湿分离的卫生间设计，每个客房拥有两个台盆，满足不同用户的使用要求，成为本案酒店设计的基本特征（图8-18、图8-19）。

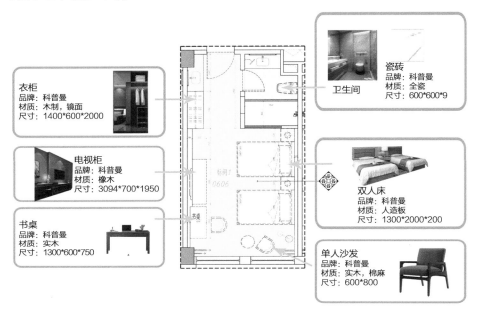

图8-18 标间客房平面图

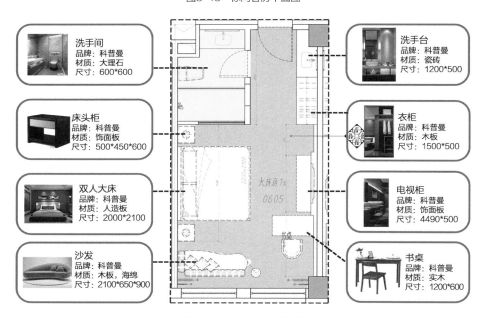

图8-19 大床房客房平面图

图8-20　大床房效果图

图8-21　客房洗手间效果图

图8-22　标间效果图

图8-23　标间过道效果图

大床房设计主要以暖咖啡色为主，局部点缀酒红色软装靠垫和沙发，洗手间采用墙排水，以浅灰色为主，整体风格简约、时尚（图8-20、图8-21）。

标间设计主要以暖灰色为主，嵌入式胡桃木电视背景墙设计，标间客房采用两个台盆设计，一个在洗手间内部，另一个在过道为干区洗手盆设计，方便两个客人洗漱使用（图8-22、图8-23）。

8.6.4　女性客房设计解读

现在独立女性逐年呈增长趋势，为适应这部分人群的需求，如希岸酒店是专门为女性打造的一个女性酒店品牌，其希岸蓝已成为该酒店极其独特的

图8-24　女性客房效果图

色彩识别。本项目特为女性用户量身打造了女性客房设计。整体色调以淡雅的粉色为主，配以白色的家具，并拥有独立的化妆台，化妆台与书桌连为一体，为商务办公、梳妆打扮提供双重便利（图8-24）。

8.6.5　豪华套间设计解读

永登地区盛产玫瑰，用玫瑰制成各种糕点成为当地的一大特色。在套房设计中，将当地的玫瑰为设计元素，以金属屏风的形式放置在入口玄关处。在平面布局中卧室与客厅之间采用可移动隔断作为空间的分隔，保证了会客和休息的私密性（图8-25、图8-26）。

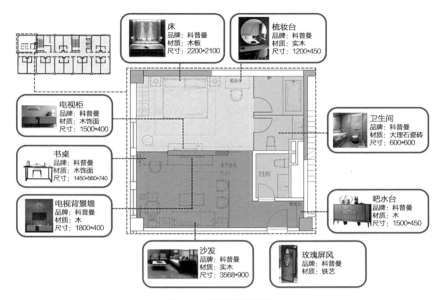

图8-25　豪华套间平面图

图8-26　豪华套房效果图

8.7　三至五层餐厅平面分析与方案解读

8.7.1　三至四层平面分析

设计定位： 三至四层主要用于当地婚丧嫁娶、生日聚会、升学聚会等。

设计风格： 现代简约，色调为暖灰。

平面分析：

- 三层分为一个大厅和一个中厅。大厅可容纳180~230人就餐，中厅可容纳50~60人就餐；三层可同时招待290人用餐；早餐分布在3层（图8-27）。

- 四层增加了儿童娱乐区和休息区。四层可容纳360人用餐；三、四层可同时容纳650人用餐（图8-28）。

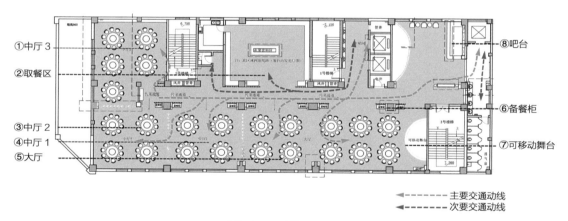

图8-27　三层餐厅平面图

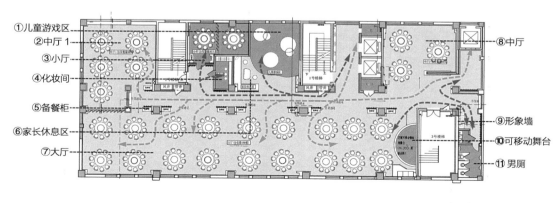

图8-28　四层餐厅平面图

· 五层为餐厅包间，共14间。其中普通12人包间10间，豪华双包间2个，豪华16人大包2间（图8-29）。

早餐设置在三层，一般酒店对摆台都具有相应的要求，同时酒店必须对餐厅进行评估，利用现有的场地进行最优化的布置，以保证客人能够方便进入餐厅和在早餐区域走动，热餐区、冷餐区/饮料区必须分开设置，遵循相应的要求（图8-30）。

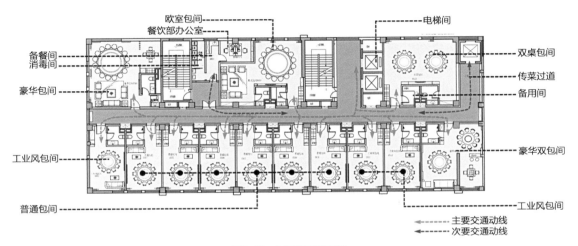

图8-29 五层餐厅平面图

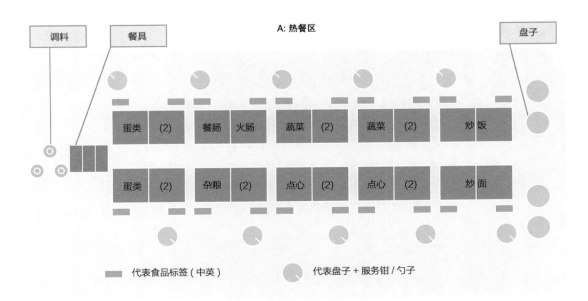

图8-30 酒店热餐区摆放图

8.7.2   三至五层设计方案解读

1. 三、四层大厅设计方案解读

主要是为举行大型婚宴、聚会而设计，因此整体色调以时尚的金色和浅灰色为主色调，整体空间利用墙体两侧的柱子进行顶部分割，以弯曲的丝绸之路形式进行顶面凹槽设计，内部镶嵌点钻的小射灯为辅助光源（图8-31、图8-32）。

在入口形象墙设计中，将黑金属、玻璃与锈板相结合，以倒挂式欧式壁炉的形式进行入口玄关设计。落在黑金花大理石上面的玻璃展柜，采用当地特色的砂石和多肉植物景观进行装饰，与走廊尽头的玄关干枝小景相呼应。吧台顶部装饰采用垂直的木饰面造型，底部打背光，与一层酒店大堂中庭部分的垂直金属装饰隔断保持造型上的一致。为节省项目造价，三层顶部采用竖条仿木纹铝格栅，以点光源为主照明设计（图8-33）。

儿童区设在四层宴会厅，为携带儿童就餐的客人提供儿童玩耍的区域和场所，让儿童在此有一个充分玩耍体验的娱乐空间（图8-34）。

图8-31　四层餐厅效果图

图8-32　三层餐厅效果图

图8-33　三层入口效果图

图8-34　四层儿童娱乐区效果图

2.五层大厅设计方案解读

五层为餐厅包间,共14间,其中普通12人包间10间,豪华双包间2个,豪华16人大包2间。餐厅包间设计主要分为新中式、工业风、新古典三种风格样式,满足不同人群的不同风格需求。在每个包间的界面装饰设计中都融入了当地的风格元素或人文特色,比如普通的新中式小包间设计,墙面装饰以丝绸之路的定制图案装饰为主,每个包间的图案都在此基础上进行细节、颜色和材质上的变化,使其具有完整的统一性(图8-35)。

图8-35　普通小包效果图

在永登厅包间的设计中,主要以白色的欧式护墙板与深咖啡色的壁纸进行搭配,在整体空间设计中,以灰蓝色和紫色作为家具软装色调,欧式的壁炉设计与两侧嵌入式的凹龛设计是整体

图8-36　豪华包间——永登厅设计方案

空间的亮点设计（图8-36）。除永登厅大包外，5层餐厅包间还拥有两个中式双包间，可容纳20～24人用餐（图8-37）。

图8-37　中式双包间设计方案

8.8　十二层办公空间平面分析与方案解读

十二层为酒店的顶层，主要功能是会议室、私人会所、VIP接待室、健身房等功能。其中会议室为狭长形，中间通过可移动隔断进行分割，形成两个中型会议室，分别容纳60人、50人。两个小会议室可合并为一个大会议室，可同时容纳120人举行会议。私人会所主要是业主接待私人及贵宾时应用，为保证其私密性，在左侧消防楼梯口处留有后门。私人会所主入口处采用当地特色的山石微缩景观，以月亮泉为灵感设计而成。董事长办公室与私人会所通过走廊而隔开，保证其会客和办公时各自的私密性（图8-38）。

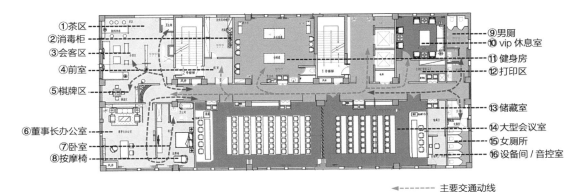

①茶区
②消毒柜
③会客区
④前室
⑤棋牌区
⑥董事长办公室
⑦卧室
⑧按摩椅

⑨男厕
⑩vip休息室
⑪健身房
⑫打印区
⑬储藏室
⑭大型会议室
⑮女厕所
⑯设备间/音控室

◄------　主要交通动线
◄------　次要交通动线

图8-38　十二层平面设计图

1. 会议室设计

会议室的设计一般要考虑到屏幕和座位的距离、灯光以及隔音效果（地面可以铺设地毯部分主要立面可以用些隔音材料）等问题，同时视频会议室的灯光设计也是一个很重要的因素。视频会议室首先为参会者提供舒适的开会环境，通过灯光、音响、视频等硬件设施实现较好的临场感，提高视频会议的参与性与互动性。视频会议与普通会议不同，因为使用摄像装置，会议室的灯光、色彩、背景等对视频图像的质量影响非常大。为确保正确的图像色调及摄像机的自平衡，规定照射在与会者脸部的光是均匀的，照度应不低于500lux。监视器、投影电视附近的照度为50～80lux，应避免直射光。同时灯光的方向极为重要，为灯光安装漫射透镜，可以使光照充分漫射，使与会者脸上有均匀光照（图8-39）。

2. 健身房设计

健身房一般是酒店设计中的标配，根据酒店定位的不同健身房的面积和

图8-39   十二层会议室设计效果图

设施有所不同。在健身房设计中主要考虑为用户提供宽敞舒适的健身场所，功能分区以及器材的分部极其重要，在平面布局中应注意在符合人们使用习惯的前提下，做到有效地利用好每一处空间；在进行设备安置的过程中要求考虑好彼此间的距离问题，在健身过程要避免彼此间的干扰和影响（图8-40）。

图8-40　健身房设计效果图

3. 私人会所

私人会所主要是为酒店董事长接待重要贵宾而设计的场所，包括董事长办公室、私人会所、VIP接待区等三个重要区域，整体以新中式为主体风格（图8-41～图8-43）。

图8-41　董事长办公室

图8-42　私人会所设计效果图

图8-43　VIP接待室

第9章
案例解读六：台州亚都精品酒店设计

设 计 师： 孙娜蒙
　　　　　徐英英（2010 年毕业于安财环境设计专业，上海森享装饰设计有限公司 总经理）
建筑面积： 3658m²（共 6 层）
项目日期： 2018.6.1 ~ 2018.8.20
项目地址： 浙江省台州市黄岩亚都精品酒店

9.1　酒店项目背景分析

　　在本项目中，对黄岩的自然环境和人文环境进行分析，黄岩是蜜桔之乡，也是宗教文化圣地，同时也是科技创新百强区，历史文化名人众多（图9-1）。

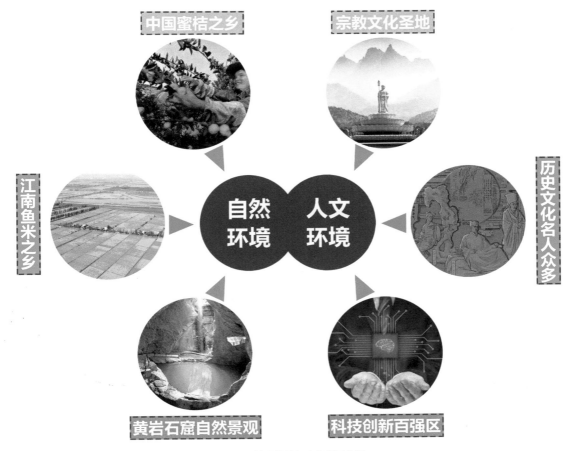

图9-1　地理背景与人文背景分析

9.2   亚都精品酒店设计理念

9.2.1   亚都酒店设计理念解读

亚都酒店属于一个新品牌,人群定位为新中产,主要体现的是轻居的商旅文化。在该项目设计中,从以下三方面进行亚都酒店品牌文化的建设:第一是中国诗意美学,从黄岩石窟、黄岩大瀑布、浙东十八潭等自然风景中将传统的诗意美学融入其中,营造自然健康的生活方式;第二是有温度、有情怀的人文酒店,将共享阅读、共享办公、邻里服务等纳入整体酒店设计中,为用户及邻里提供亲切、温暖的共享服务;第三是可持续的酒店文化,在酒店设计、施工及后期软装搭配中考虑材料的持续更新,品牌文化的不断迭代,包含生活方式的可持续、服务体系的可持续等整体展现(图9-2)。

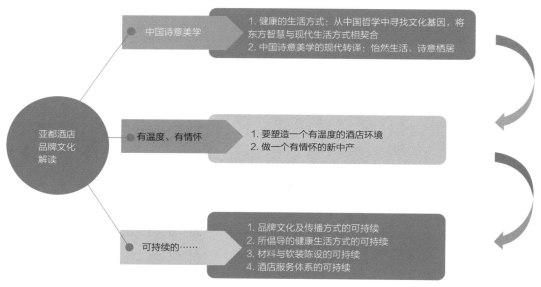

图9-2 亚都酒店设计理念解读

9.2.2   亚都酒店色彩分析

亚都酒店从当地特产黄岩蜜桔中提取橘色为点缀色,整体色调营造清新的简约风格(图9-3)。

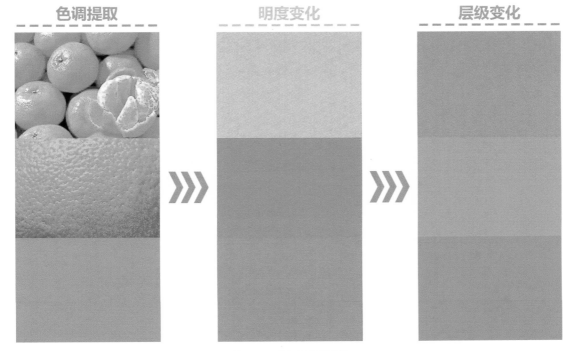

色调提取　明度变化　层级变化

图9-3　亚都酒店色彩分析

9.3　亚都精品酒店外观设计

在酒店外观设计中，充分体现本案的设计原则，外立面设计化繁为简，采用垂直的立面分割，垂直线条打破了动态的平衡，与中间弧形的门廊进行连接，采用左右对称的设计手法，从视觉上增强了建筑的稳定感。酒店入口采用旋转门，现代简约的处理手法让门厅时尚感十足，入口两侧采用当地深灰色石材作为背景，并将地域特色的竹景观引入两侧，打造精致的竹景观。在整体外观设计中采用暖咖色作为主色调，以此区别周边其他建筑，在亮化设计中，采用线性光源和点光源相结合的方式，中间弧形的楼层外立面采用向下的反向灯带设计，与两侧垂直的点光源形成鲜明的对比，从而使得建筑主体更加突出（图9-4）。

图9-4 亚都酒店外立面

9.4 酒店大堂、餐厅公区设计解读

9.4.1 酒店大堂平面分析

一层酒店大堂入口为弧形的立面设计，大堂整体区域以"扇形"进行布局，大堂左侧为弧形的休息区，以整面书柜进行整体装饰，为邻里与用户提供免费阅读区和休息区。右侧为两组沙发休息区，正对大门为接待台，接待台延续外立面扇形形状，台面采用几何形式的爵士白大理石，墙面以垂直分割的木饰面作为整体背景装饰，整体造型简约、时尚。在交通动线设计中，从进入酒店大堂—办理入住—进入电梯间动态交通组织中方便、快捷到达。酒店管理办公室位于电梯间对面，具有更强的私密性（图9-5）。

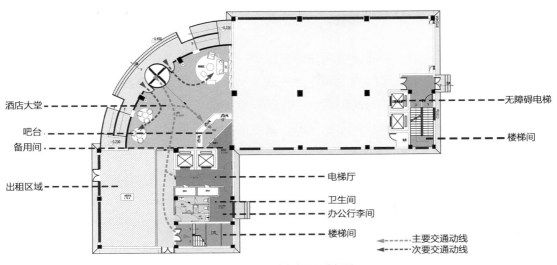

酒店大堂
吧台
备用间

出租区域

无障碍电梯

楼梯间

电梯厅
卫生间
办公行李间
楼梯间

主要交通动线
次要交通动线

图9-5 亚都酒店大堂平面分析图

9.4.2 夹层餐厅平面解读

从一楼电梯或楼梯进入二层为酒店餐厅，此部分餐厅为一层大堂的布局夹层，高度为3m，由于房间举架较低，以平顶为主。餐厅共容纳48人用餐，整体布局围绕"进入餐厅—取餐—用餐—离开"整个流程进行合理布局，将取餐台设置在靠近电梯间人流密集区，以4人台为主。平面布局如图9-6所示。

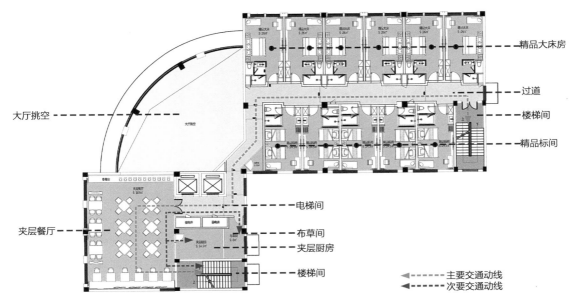

大厅挑空

精品大床房

过道
楼梯间

精品标间

夹层餐厅

电梯间
布草间
夹层厨房
楼梯间

主要交通动线
次要交通动线

图9-6 亚都酒店餐厅平面分析图

9.4.3 公区效果图方案解读

在酒店大堂设计中，将阅读空间与休息区进行结合，将极简的东方哲学融入其中，接待台背景从墙面到顶面保持一致，从顶到墙面的垂直线条分割打破了木饰面的单一性，并与两侧爵士白大理石墙面形成对比。整体色调与建筑的外观保持一致，以暖咖色为主色调，黄色的沙发软装作为点缀，好比黄岩的柑橘一样清新怡人（图9-7）。

餐厅位于二层的夹层，主要是为酒店客人提供自助早餐服务，在整体色调上依然延续了一层酒店大堂风格，档口和就餐区的卡座全部采用和一层酒店堂接待台相同的白蜡木材质，垂直的竖格栅分割增强了视觉上的高度，家具软装采用灰色和橘色的跳色，为用户营造轻松、时尚的就餐环境（图9-8）。

图9-7　亚都酒店大堂效果图

图9-8　亚都餐厅设计效果图

电梯间为两间，整体延续酒店大堂木饰面造型，以垂直线条进行垂直分割，以哑光黑色金色踢脚线收边，电梯间尽头采用黄蓝渐变装饰画，呼应酒店大堂主题（图9-9）。

图9-9　亚都酒店过道设计效果图

9.5　二至五层客房设计方案解读

9.5.1　客房总体平面图分析

在本案设计中，夹层、二至五层为客房设计，客房总数为86间，其中精品大床房55间，占比64%；精品标间共30间，占比35%；套房1间，占比1%，共三个房型。二层、四层平面布局图相同，每层包含13间大床房，6间标间，共29间客房。布草间设置在扇形紧靠内侧区域，方便服务员客房布草（图9-10）。五层平面图与二层、四层唯一的区别是在扇形区域，将两间大床房改为一间豪华套间。其他布局保持不变（图9-11）。

9.5.2　精品大床房设计解读

在大床房平面设计方案中，卫生间设置在入口处，采用干湿分离，将洗

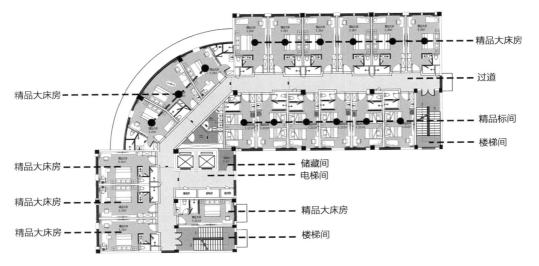

图9-10　亚都酒店二层、四层平面布局图

漱、洗浴、坐便三个区域设置为互不干扰的布局形式，最大限度地满足用户的私密性与便利性。在客房电视墙设计中，采用离地墙体支撑式电视桌、写字桌，在设计形式上简单时尚，最重要的是节省酒店装修成本，方便酒店服务员的卫生打扫（图9-12）。

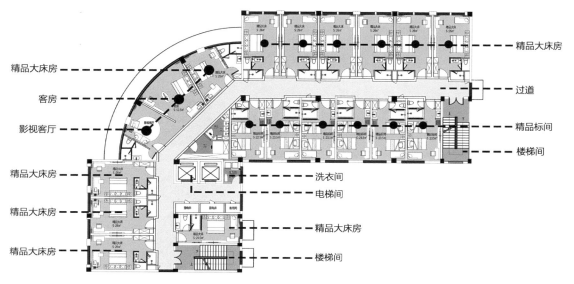

图9-11　亚都酒店五层平面布局图

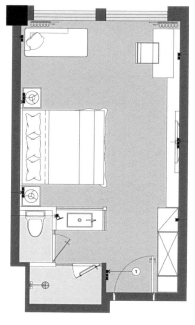

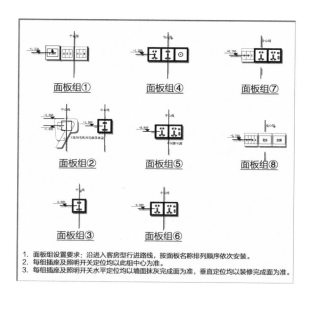

图9-12　精品大床房平面图和电施图

图9-13　精品大床房设计效果图

在效果图方案设计中，延续一层酒店大堂设计风格，以木饰面为主要装饰材料，整体色调温和，充满人情味。床头背景采用整面装饰画作为背景装饰，并根据不同的主题风格进行墙面装饰与软装设计、色彩的局部更换（图9-13）。

9.5.3　精品标间设计解读

标间面积为28m²，整体布局与大床房保持一致，顶面造型采用回字形造型顶，主要通过床头背景装饰画与软装搭配实现客房主题的更换。如图9-14为标间平面布置图，图9-15为标间效果图。

9.5.4　豪华套间设计解读

豪华套间设置在五层，在整体布局中包括会客区、休息区，弧形的落地窗保证了豪华套间充足的采光，具有良好的视野（图9-16、图9-17）。

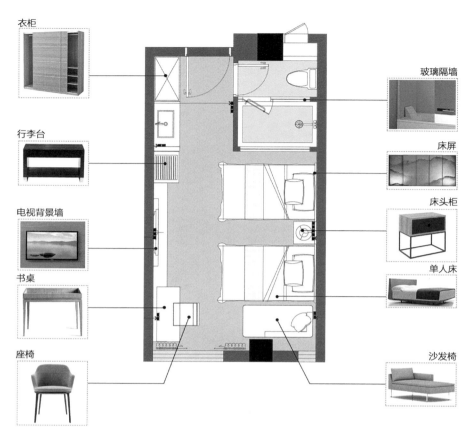

衣柜

行李台

电视背景墙

书桌

座椅

玻璃隔墙

床屏

床头柜

单人床

沙发椅

图9-14　标间平面图

图9-15　标间效果图

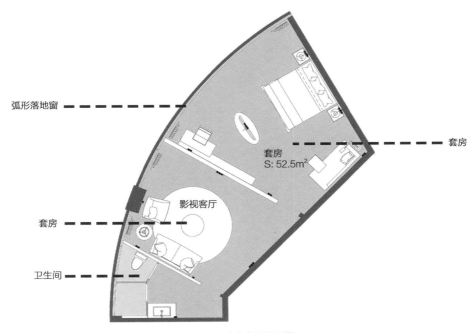

弧形落地窗

套房

套房
S: 52.5m²

套房

影视客厅

卫生间

图9-16 豪华套间平面图

图9-17 豪华套间效果图

9.5.5 客房过道设计解读

客房过道设计以简约的极简风格为主体,四周墙面采用木饰面,去除多余装饰。墙面的客房编号采用发光字体设计,在整体墙面设计中醒目突出,便于用户识别。酒店客房需要为用户提供安静的舒适睡眠,而客房走廊区域是这种舒适睡眠的前奏,在灯光设计中一般不设置主光源,以发光带以及顶面筒灯作为整体空间的主光源(图9-18)。

图9-18 豪华套间效果图

为保证客房有足够的隔音效果，在客房、走廊之间的隔墙保证隔音达到
40dB以上，因此，客房隔墙设计中应遵循以下原则：

- 酒店客房与客房间的隔墙，以及客房与走廊间的隔墙隔音需要达到
  40dB以上。酒店客房隔墙厚度不应小于150mm（不含水泥砂浆层），
  砌筑到结构梁板底，水泥砂浆粉刷加涂料面层两边各15mm，即总厚度
  不应小于180mm。
- 如果承重不允许，只能使用轻钢龙骨纸面石膏板隔墙，则必须采用双
  层轻钢龙骨双层纸面石膏板，两层龙骨间再加装一层纸面石膏板，结构
  如下：2×12mm石膏板+50mm龙骨+12mm石膏板+50mm龙骨+2×12mm
  石膏板（龙骨空隙中间填50mm厚隔音棉）。
- 以上厚度之和为160mm，石膏板表面的腻子和涂料施工后完成墙体总
  厚度为180mm。

9.5.6 客房洗手间设计解读

客房卫生间设计与传统的家装设计有所区别，更加注重卫生间干湿分离

与独立性，因此，客房卫生间设计一般应遵循以下原则（图9-19）。

- 卫生间要求建筑面积不小于4m²，洗浴、如厕、洗漱干湿分离，各自独立。

- 如现场条件不允许，客房卫生间可采用整体卫浴（整体卫浴尺寸根据设计部的图纸方案执行，严禁使用浴帘款式），尺寸不得低于1800mm×1600mm；

- 为保证客房空气质量，避免卫生间管道中的臭气倒溢，国家规范规定要做到污废分离，卫生间干区地漏，淋浴区地漏，台盆下水需设置S弯，不得用P弯代替，便器下水管道使用P弯；

图9-19 豪华套间效果图

- 为保证客人安全，客房卫生间须安装等电位器。

酒店卫生间装修及施工要求：

- 墙底部应浇筑高度150mm的地垄墙；卫生间隔墙墙体必须用95多孔砖和轻质砌块；

- 填充墙砌体留置的拉结钢筋或网片的位置应与块体皮数相符合；拉结钢筋或网片应置于灰缝中，埋置长度应符合设计要求，竖向位置偏差不应超过一皮高度；

- 填充墙砌筑时应错缝搭砌，加气混凝土砌块搭砌长度不应小于砌块长度的1/3；填充墙砌至接近梁、板底时，应留一定空隙，待填充墙砌筑完并应至少间隔24小时后，再将其斜砌补砌挤紧，砂浆要求饱满。

第10章
案例解读七：南京方隅酒店式公寓设计

设 计 师：孙娜蒙
　　　　　徐英英（2010 年毕业于安财环境设计专业，上海森享装饰设计有限公司 总经理）
建筑面积：7560m² （共 6 层）
项目日期：2018.6.15 ~ 2018.9.20
项目地址：南京市江宁区天临路 12 号

10.1   酒店式公寓概况

10.1.1   酒店式公寓概况

　　酒店式公寓是一种提供酒店式管理服务的公寓，集住宅、酒店、会所多功能为一体，既与一般的酒店有所区别，又有一定的关联。酒店式公寓采用酒店式物业管理模式，提供一定的酒店式服务功能，同时将现代写字楼的办公功能融为一体，具有良好的通讯与办公条件。并为居住、办公、度假等提供多重服务，比如为办公针对性地提供秘书、翻译、信息等商务服务，为度假提供良好的休闲、娱乐设施，为居住提供良好的居住环境等。因此，酒店式公寓是一种集私人公寓的私密性、办公场所的公共性为一体的综合物业管理模式，相关的业态包括 "服务式公寓" "白领公寓" "创业公寓" "青年SOHO" "青年客栈" 等。

　　酒店式公寓的户型从几十平方米到几百平方米不等，一般以小户型为主，整体结构采用框架式，中间的隔墙可以进行拆除，以此满足不同业主的不同需求。酒店式公寓一层一般会配备银行、会所、便利店、餐厅等相关配套附属设施。酒店式公寓将酒店式管理与社区的物业管理模式相融合，为用户提供酒店式的星级服务和家庭式的温馨服务，比如家居清洁、衣物洗熨、叫醒服务、更换被单、各种钟点服务等。因此，酒店式公寓的商业、居住、办公等多功能性满足不同人群的不同需求，这种多方位、多维度的服务功能与服务设施使得酒店式公寓在国内呈上升发展趋势，针对酒店式公寓的室内装饰设计同样面临新的机遇与挑战。

10.1.2   酒店式公寓的设计原则

1. 共享办公设计原则

　　酒店式公寓将写字楼办公功能与居住功能融为一体，酒店式公寓具有极强的办公特色。因此，在设计过程中要为用户提供共享办公设计与设施，以此满足用户的办公需求。首先是空间功能的划分，在公共区域设置办公区域，包含小型会议室、大型会议室等，提供打印、复印、翻译等办公服务设施与场地。

2. 共享阅读设计原则

共享阅读主要是为用户提供阅读、交流等功能，通过"阅读"这一媒介为邻里和用户提供公共交流的场所。在设计中注重阅读体验、人文交流，并将借阅服务、旧书捐赠服务等纳入整个设计体系中。共享阅读是酒店式公寓设计的一大人文特色。

3. 多功能性原则

酒店式公寓一般是将商业、居住、办公融为一体，本身具有多功能性，在设计中，充分考虑其不同的商业用途，比如便利店、餐厅、洗熨、办公、阅读、居住等不同功能，满足其多功能性用途。

4. 人性化设计原则

酒店式公寓是基于综合物业管理服务的设计体系，其多功能性用途决定了其人性化的设计原则，无障碍通道设计、共享办公设计、共享阅读设计等，将"共享文化"赋予其一定的人文色彩，同时满足不同用户的个性化需求。

5. 信息与智能化设计原则

酒店式公寓借鉴星级酒店的信息化服务及管理模式，将智能化设计融入整体公寓设计中，将人脸识别、大数据开发等信息化技术应用在酒店公寓的管理及设计中，实现智能化的自助服务，比如24小时送餐、社区聚会、幼儿看护、快递取放等服务。通过数据化的信息处理，不断对酒店式公寓的服务进行迭代升级。

10.2　方隅公寓项目背景分析

南京方隅公寓设计位于南京市江宁区天临路12号，是集酒店、公寓、写字楼三类物业于一体的公寓新品种，即"三合一"的新生代酒店式公寓。因

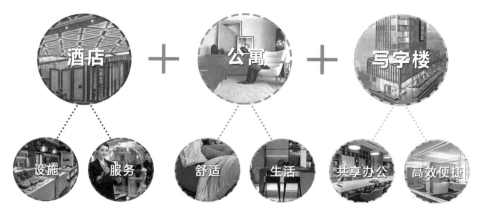

图10-1　公寓项目背景分析

此在生活与工作上比一般的商务酒店式公寓更便捷，比商住酒店式公寓拥有更好的精装修，包括全套的品牌家具、电器等。在物业管理上具有酒店式高档、体贴、细致的人性化服务以及24小时商务服务，既可以作为老板或高级员工的日常居住场所，也可作为青年人创业的基地场所，为其提供了便捷、高效的工作环境与舒适的居住环境（图10-1）。

10.3　方隅公寓设计理念分析

在本案设计中，将阅读空间、办公空间、居住空间三者融为一体，在保证各自不同功能的同时，又通过共享办公、共享阅读以及休闲等配套设计满足其多功能性用途（图10-2）。

在方隅设计理念中，将共享办公、共享阅读、休闲娱乐作为公共空间设计的一大特色。将"人文阅读+共享办公+极简风格"三者融为一体，为青年用户提供健康、高效、

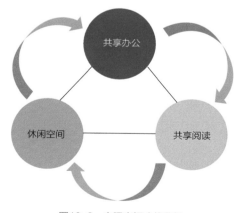

图10-2　方隅空间功能分析

舒适的休息、阅读和办公空间。在共享办公设计中，通过自助式的办公服务，为用户提供共享办公平台，整体采用极简的办公风格，并融入整体设计中，（图10-3）。同时为用户提供阅读与交流服务，将图书借阅服务、

图书捐赠服务等纳入整体空间设计中，以此凸显方隅设计的人文理念（图10-4）。

 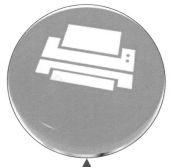 

极简办公

办公空间贯穿一贯的东方极简美学，冷静但不刻板

自助服务

为用户提供自助办公服务，高效、方便

共享办公

用户可通过"共享办公移动平台"实现资源共享

图10-3　方隅共享办公设计理念

 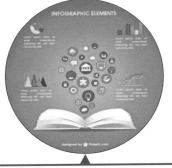 

极简阅读

阅读空间采用具有亲和力的极简美学

借阅服务

为用户及邻里提供图书借阅服务

图书捐赠

为用户及邻里提供图书捐赠服务，以此将更多热爱公益的人群进行链接

图10-4　方隅共享阅读设计理念

10.4　公寓外观设计解读

公寓外观设计采用彩色玻璃以此凸显方隅的时尚与年轻特色。入口处采用黑白灰的设计处理方法（图10-5）。

图10-5　方隅外立面设计

10.5　方隅公寓公区设计

　　结合传统酒店的优点，方隅酒店式公寓划分为接待区、休息区、办公区、健身区等。接待区和休息区可融合为一个功能分区，主要为接待来访客

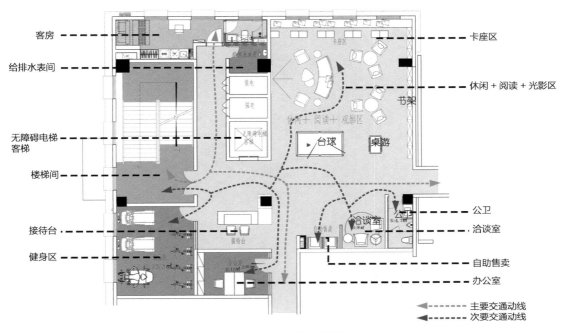

客房

给排水表间

无障碍电梯
客梯

楼梯间

接待台

健身区

卡座区

休闲＋阅读＋光影区

公卫

洽谈室

自助售卖

办公室

主要交通动线
次要交通动线

图10-6　方隅酒店大堂设计

人，保证接待区的私密性与会客性等功能。办公区兼具阅读与休闲区，是空间最主要的功能，为用户提供不同功能性需求。健身区主要是为用户提供共享健身、交流的区域。一层公寓大堂设计配备相应的服务设施，通过公共空间的交流与聚集，为用户提供一个交互、自由的公共平台，满足不同人群个性化的需求（图10-6）。

在方隅公寓接待台设计中，为节省造价，顶面采用局部石膏板吊顶，以大面积裸露的管线LOFT风格为基本特色，局部采用灯带进行辅助照明。地面采用800mm×800mm灰色仿古地砖。接待台背景墙采用米灰色铝板雕花图案设计，柱子表面为木饰面与仿真绿植墙进行融合，采用拉丝不锈钢收边，英文字母为亚克力发光字体。接待台设计以黑色烤漆板为基色，点缀黄色烤漆板，与建筑外立面的彩色窗形成统一与呼应（图10-7）。

在公共区域，将娱乐、阅读与休闲融为一体，由于公区层高的限制，顶面不做过多吊顶，整面的书架设计不仅满足用户的阅读需求，也成为用户创意用品的展示区。整体暖色调为主，原木色的书架装饰与对面黄色的形象墙装饰形成呼应，中间彩色的休息区软装搭配赋予整体空间以青春活力，符合方隅年轻化市场的定位需求（图10-8）。

图10-7　方隅公寓接待台设计效果图

图10-8　方隅公寓休闲区设计效果图

10.6　方隅公寓客房设计解读

10.6.1　方隅公寓客房户型分析图

方隅公寓客房二至六层为客房设计，共具有246间公寓客房，A、B、C三种户型，其中二层公寓50间客房，三、四层各56间、五层、六层各42间。

功能空间的结构上，客厅卧室选择在通风顺畅的位置，所占面积也是最大的，使客厅卧室的空间结构强化，并且减少各个功能之间隔墙的设计，达到通风采光的利用最大化。从户型平面可以看出，卫生间、厨房餐厅放在入口玄关的位置，使角落面积得到了充分的利用，也将玄关和厨房两个功能空间重叠复合，进一步节约户型面积。如图10-9～图10-12平面图所示。

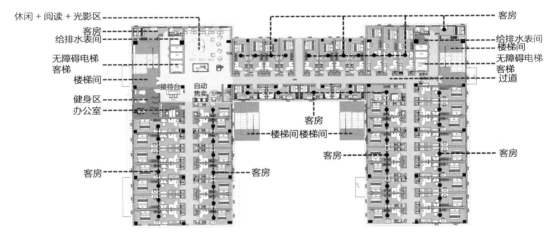

图10-9　方隅公寓二层平面布局图

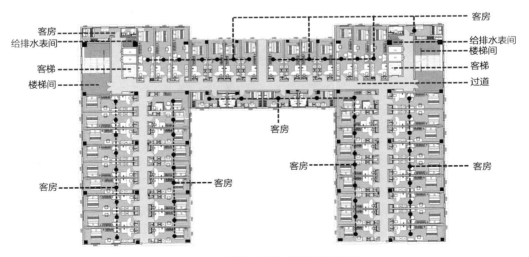

图10-10　方隅公寓三层、四层平面布局图

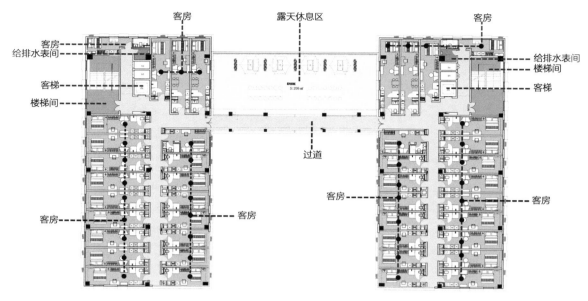

图10-11　方隅公寓五层平面布局图

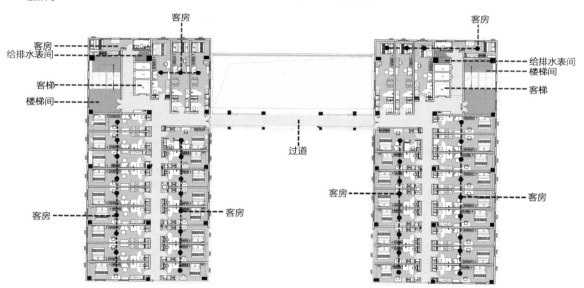

图10-12　方隅公寓六层平面布局图

1. A户型方案

A户型设计面积为23.4m²：遵循房间自身特色，将厨房、卫生间布局在入口玄关处，将会客和办公空间设置在中间区域，卧室紧邻窗户，保证卧室的采光与通风。衣柜设置在床与沙发的中间，以此将公共会客区与休息区进行视觉上的空间分割，保证休息区一定的私密性（图10-13）。整体色调为灰蓝色，以白蜡木家具为主。硬装要求为入口玄关处局部石膏板吊顶，厨房与卫

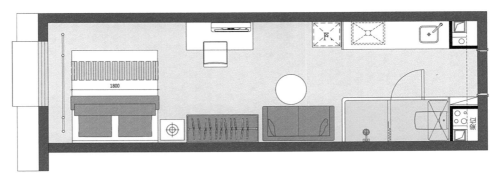

图10-13　方隅公寓A户型平面布局图

图10-14　方隅公寓A户型效果图

生间采用木纹砖，人造石橱柜台面与窗台石结合（图10-14）。

2. B户型方案

B户型相对于A户型，基本布局保持不变，入口为厨房和卫生间，采用"一"字形布局，衣柜与卫生间隔墙保持一致，对面为厨房和写字桌。保持中间通道的便捷与可达性，在有限的空间里，最大限度地增加储物空间（图10-15、图10-16）。

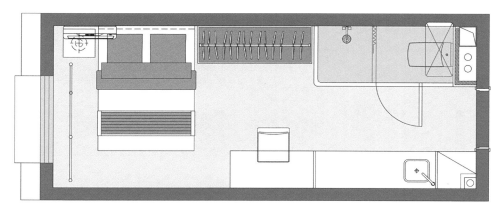

图10-15   方隅公寓B户型平面图

图10-16   方隅公寓B户型效果图

3. C户型方案

C户型入口左侧为卫生间，采用L型厨房设计，将洗衣机、橱柜等进行整体化设计，床和衣柜紧靠右侧墙角，增强其私密性。空间动线保持方便、快捷、从房间入口到达厨房、卫生间以及床边区域位置，保持通道的流畅性（图10-17、图10-18）。

图10-17　方隅公寓C户型平面图

图10-18　方隅公寓C户型效果图

　　公寓客房设计所需要的硬装设计包括以下几个内容：局部石膏板吊顶射灯、木纹砖、乳胶漆、成品踢脚线、卫生间磨砂玻璃、衣柜、写字桌和书架板、鞋帽柜、人造石橱柜台面和窗台石、仿木纹钢制防盗入户门。

　　软装包括：沙发、茶几、床、床头柜、椅子、卷帘、靠垫、明装筒灯。

　　电器包括：空调、电磁炉、抽油烟机、冰箱、洗衣机、热水器、照明、排风一体机、洗菜盆及龙头、洗手盆龙头和柜体、淋浴花洒、马桶等内容。

过道设计采用不同楼层不同颜色以示区别，墙面主题色调采用高级灰，点缀亮色，凸显方隅公寓的时尚与活力（图10-19）。

卫生间设计墙面砖采用白色釉面砖，地面砖采用黑白相间的线条，简单、时尚（图10-20）。

酒店式公寓的软装饰设计在统一标准的精装修空间内，软装饰的搭配与设计对整个空间氛围的营造具有决定性的作用。酒店式公寓的软装饰设计应注意以下几点：

①把握尺度感。在中小型公寓软装设计中，尤其注意家具尺度的大小与整体空间的和谐，不能一味追求奢华而忽视基本的尺度关系。②色彩

图10-19　方隅公寓过道设计效果图

搭配要和谐。整体色调稳重，切忌大面积强烈的对比色，可用小面积的对比色进行点缀，注意明度与纯度微妙的色彩特性来进行调和，增强整体空间效果。③统一与整体的主从关系。在酒店式公寓设计中，要明确人的视觉中心的重点位置，找准主要设计界面与主要软装设计对象，其他界面为辅助的主从关系，以此造就主次分明的层次美感。④注重品质，追求意境。无论酒店式公寓的客房面积大与小，在软装设计中都要追求生活品质，通过家具、植物、绿植、配饰等营造高品位的生活意境。

图10-20　方隅公寓客房洗手间效果图

参考文献

[1] 蒋家傅，钟勇，王玉龙，李宗培，黄美仪. 基于教育云的智慧校园系统构建[J]. 现代教育技术，2013，23（2）：109-114.

[2] 王玉龙，曹镇辉，李婕静，马莉. 智慧校园环境下的校园文化系统构建[J]. 中国信息技术教育，2018（12）：109-112.

[3] 刘杰. 基于citespace的国内智慧酒店研究的可视化分析[J]. 武汉商学院学报，2018，32（6）：81-84.

[4] 李臻，朱进. 智慧酒店——酒店产品升级换代的必然趋势[J]. 镇江高专学报，2013，26（1）：31-34.

[5] 熊鹏. 建筑与可视化设计方法研究[J]. 艺术科，2017，30（9）：306.

[6] 程善兰. 借力大数据助推苏州酒店智慧化发展的研究[J]. 商业经济，2014（12）：49-51.

[7] 杨雷. 基于物联网的智慧酒店客房管控系统[D]. 济南：山东大学，2018.

[8] 孙宝宏. 建筑美学与室内软装[M]. 南京：江苏科学技术出版社，2014.

致谢

　　我于2007年7月硕士研究生毕业后到安徽财经大学文学与艺术传媒学院工作至今，已经近12个年头，2008年6月送走第一届环境设计专业毕业生，亲眼目睹我校环境设计系的成长与发展。

　　环境设计专业是一门实践性极强的设计学科，在从事教学过程中，常常感到自身设计实践经验的不足，对室内设计，尤其是对商业空间设计的教学内容与教学方法往往流于形式，在激发学生设计创造力与实践教学环节常感到力不从心。我想，这是很多高校设计类专业教学面临的现实问题。我认为，高校设计类专业教师应该首先成长为一名优秀的设计师，才能胜任相关的设计实践教学。正是本着这样的态度，我于2015年利用节假日等业余时间开始从事商业空间的设计实践与校企合作等工作。

　　先后在我校建立了上海弗睿展览展示设计研发中心、上海鑫点软装设计研发中心、上海歌斐木环境设计研发中心、科普曼淮美环境科技研发中心等。在与企业的合作与设计实践过程中，自身的能力也得到了快速提高。从一开始100m²的单一的小型商业空间设计，到10000m²的高端酒店综合体项目的主案设计师，我的设计实践能力与沟通能力也与日俱增。经过3年多设计实践项目的磨炼，逐渐在商业空间品牌设计、文脉传承与设计理念等方面表现出高校教师自身的理论优势。

　　所有的设计实践都是为了最终的设计教学，一直想将商业空间设计的方法以实际案例的形式进行分析，从不同角度予以解读。于是，从去年年底便开始整理之前的设计案例，在整理过程中，恰好与北京科普曼经贸有限公司结缘，由该公司免费投资389万元建设我校6号教学楼中庭改建项目，我团队负责中庭室内装饰设计工作。为支持校企合作的深入进行，由我牵头成立"科普曼淮美环境科技研发中心"负责后续的校企深度合作等事宜。在此感谢北京科普曼经贸有限公司司空海燕董事长、潘亮镐总经理、安徽淮美环境科技有限公司郭大为总经理对我校工作的支持，再次对我院"科普曼多功能智慧活动中心"的免费捐赠建设表示感谢！

　　本书能够得以出版，也得到了我家人的鼎力支持，感谢我先生对我工作的支持，正是他和父母对我们两个孩子的悉心照顾，让我免去了家庭之忧，得以专心工作。

　　最后，感谢本书设计案例的业主们，正是他们的支持与允许才得以将项目案例进行出版发行。感谢我的设计团队也是我曾经教过的学生：徐英英、许波、孙凯、谭晨、秦雨秋、杨雪等，看着他（她）们一步步的成长，由青涩的学生蜕变为职场的精英设计师，心中甚感欣慰。从他（她）们身上，我也学到了诸多我不曾具有的优点。

　　设计是设计师自身不断修正、变化与突破的过程，也是理论与实践不断融合创新的过程。本书的出版是我作为设计工作者对商业空间设计的个人见解，感谢安徽财经大学艺术学院学科专业建设文库对本书的资助。

　　未来，我会一如既往带领我的学生们，不断突破，逐步成长……

孙娜蒙

2019年6月28日